中国地质大学(武汉)地球科学学院自设教学研究项目
中国地质大学(武汉)精品资源共享课程建设项目 联合资助

晶体测量
——一种古老科学方法的传承与发展

JINGTI CELIANG

—— YIZHONG GULAO KEXUE FANGFA DE CHUANCHENG YU FAZHAN

赵珊茸 编著

中国地质大学出版社

ZHONGGUO DIZHI DAXUE CHUBANSHE

图书在版编目(CIP)数据

晶体测量:一种古老科学方法的传承与发展/赵珊茸编著.—武汉:中国地质大学出版社,2022.9

ISBN 978-7-5625-5339-7

Ⅰ.①晶… Ⅱ.①赵… Ⅲ.①晶体–测量 Ⅳ.①P573

中国版本图书馆 CIP 数据核字(2022)第 154267 号

晶体测量——一种古老科学方法的传承与发展		赵珊茸　编著
责任编辑:李焕杰	策划编辑:蒋海龙　李焕杰	责任校对:徐蕾蕾
出版发行:中国地质大学出版社(武汉市洪山区鲁磨路 388 号)		邮编:430074
电　　话:(027)67883511　传　　真:(027)67883580	E-mail:cbb@cug.edu.cn	
经　　销:全国新华书店	http://cugp.cug.edu.cn	
开本:787 毫米×960 毫米　1/16	字数:95 千字	印张:5.75
版次:2022 年 9 月第 1 版	印次:2022 年 9 月第 1 次印刷	
印刷:武汉市籍缘印刷厂		
ISBN 978-7-5625-5339-7		定价:23.00 元

如有印装质量问题请与印刷厂联系调换

前　言

　　晶体测量(或称晶体形态测量,也称测角法)是18世纪中期发展起来的一种古老科学方法。这种方法是借助于各种测角仪通过测量晶体上各晶面之间的面角,从中找到晶体形态的规律。这一方法虽然简单,且现在用的人也不多了,但是晶体测量是整个结晶学发展的基础。尽管当时没有测试晶体内部结构的手段与能力,但是基于形态上晶面的分布规律,前人提出了"面角守恒定律""整数定律",继而根据晶面的对称规律发展起来了一整套晶体的对称理论,包括宏观形态的对称理论与内部结构的对称理论。因此,传统的晶体测量方法是结晶学发展的奠基石,在结晶学发展历史中发挥了不可磨灭的作用。

　　由于18—19世纪没有测试内部晶体结构的手段与能力,所以传统的晶体测量方法是借助于晶体形态来推测内部结构参数的。这种方法的主要思路是:首先测量各晶面的方位角与极距角,然后进行投影,再假定一个"单位面(111)",以此来确定其他晶面的晶面符号,最后通过数学计算得到该晶体的内部结构参数——晶体常数(即晶胞参数之间的比值)。"单位面"的选定是人为的,不一定正确,这就导致其他晶面的晶面符号、晶体常数等的结果不一定正确;如果发现结果可能不正确,可以重新选定一个"单位面",重新计算其他晶面符号、晶体常数等。这种方法显然已经不适合现代结晶学研究了。目前,各种先进仪器可以很方便地测出晶体的晶胞参数,在已知晶胞参数的情况下就可以很方便、准确地确定晶面符号。因此,传统的晶体测量方法需要改进。

　　此外,传统的晶体测量方法中不仅涉及晶体投影、晶面符号的确定,还包含许多数学原理与计算。这些数学原理与计算非常巧妙,与现代的X射线衍射、电子衍射所涉及的数学原理与计算很相似。这些数学原理与计算值得传承下去。

　　鉴于上述对传统晶体测量方法的认识,本教材将传承传统晶体测量方法的基本原理,特别是数学原理,并在此基础上将传统晶体测量方法进行改进。改进的思路为:不需要假定一个"单位面(111)"来确定其他晶面的晶面符号并计算晶体常数,而是根据X射线测试等方法得出晶体的晶胞参数,在已知晶胞参数的前提下进行晶体测量。具体过程为：首先测量各晶面的方位角与极距角，其次进行投影，然后根据晶胞参数画出该晶体的心射极平投影网格——极格子，最后在极格子上求出各晶面的晶面符号。由于晶体形态测量中涉及的晶体投影、晶面符号的确定等与 X 射线衍射、电子衍射所涉及的数学原理和计算很相似，本教材将这种宏观形态的测量与微观结构的测试及分析方法进行类比，阐述晶体形态与晶体结构所蕴含的统一的、共同的、有趣的结晶学原理，这是本教材的创新成果。此外，本教材还介绍了一种全新的确定晶体内部界面（双晶接合面、出溶片晶与主晶界面等）晶面符号的方法——晶带相交法，这是基于结晶学理论与晶体测量实践提出的原创性成果。

希望本教材能在传承古老科学方法、保护古老科学方法的精髓、发展古老科学方法与现代科学方法的联系等方面发挥积极作用。

全书由赵珊茸编写，图件由赵珊茸绘制，部分图件由王志峰同学绘制底图。晶体形态测量实例中的资料，采用了多届本科生（汪凡、袁文静、罗盛、陈泽川等同学）的毕业论文资料。中国地质大学（武汉）地质过程与矿产资源国家重点实验室刘祥文教授对第 7 章关于 X 射线衍射的部分内容提出了宝贵意见。教材的编写得到中国地质大学（武汉）地球科学学院地球物质科学系老师们的支持。教材的出版由中国地质大学（武汉）地球科学学院自设教学研究项目和中国地质大学（武汉）精品资源共享课程建设项目共同资助。笔者在此一并表示衷心感谢！书中不当之处敬请批评指正！

谨以此书纪念我国著名结晶学与矿物学家、我国晶体测量学开创者彭志忠教授诞辰 90 周年。

赵珊茸

2022 年 9 月 10 日

目　录

第 1 章 绪 论

1.1 晶体测量的发展历史

自然界矿物晶体的形态很早就引起了人们的浓厚兴趣。1669 年丹麦学者 N. Steno 在统计测量各种不同形态的石英晶体晶面面角后,发现了同种矿物不同晶体形态之间的规律,提出了"面角守恒定律"。这是利用晶体测量方法发现的最早的结晶学定律。之后,许多人开始发明各种测角仪来进行晶体测量。如 1748 年,俄国的 М. В. Ломоносов 发明了一种仪器和方法并测量了大量硝石、金刚石、石英等晶体的形态,但他所用的方法未流传下来。1780 年,法国的 Carangeot 发明了接触测角仪,他的老师法国学者 L. R. De L'Isle 利用这种仪器进行了 20 多年的晶体测量工作。1809 年,英国矿物学家 W. H. Wollaston 发明了单圈反射测角仪,提高了测量精度。19 世纪末,各种双圈反射测角仪出现。1889 年,俄国著名结晶学家 E. C. Фёдоров 根据经纬仪的原理提出了双圈反射测角仪的设计方案,但未及时试制出来。后来,德国蔡司公司工程师 Czaposki 和海德堡大学教授 V. Goldschmidt 根据相同原理分别研制出各自的双圈反射测角仪。1899 年,H. Smith 发明了三圈反射测角仪,它能同时测量晶面面角与球面坐标,但因结构复杂未能被推广。20 世纪 50 年代,曾被广泛采用的双圈反射测角仪得到进一步改进,简化了传统测角仪的调节方法。本教材介绍的就是这种改进后的、由德国生产的 STOE 标准型双圈反射测角仪。

19 世纪末,欧洲结晶学家们已经完成了绝大部分肉眼可见晶体的形态测量,并积累了大量测量资料。E. C. Фёдоров 在 19 世纪末汇编了当时已有的晶体形态测量与化学成分资料,出版了《结晶界》,从而创立了鉴定矿物晶体的结晶化学分析方法。后来,他的学生 A. K. Болдырев 和 T. V. Barker 进一步简化了这种鉴定方法。1887—1891 年间,V. Goldschmidt 出版了三卷著作《晶形索引》(*Index Der Krystalloformen*),书中收录了当时所有公开发表的矿物晶形资料。1913—1923 年间,V. Goldschmidt 又出版了 18 册《晶形图册》(*Atlas Der Krystalloformen*),汇总了约 25 000 个晶体图和每个图涉及的参考资料。这部不朽的晶体形态学著作是 1923 年以前世界晶体形态测量研究最完善的经典资料。他与 S. G. Gordon 编著的《鉴定矿物的结晶学表》(包括当时已知 1025 种矿物晶体形态的测量数据),奠定了晶体形态测量鉴定矿物的基础。后来,M. W. Porter 和 R. C. Spiller 将晶体形态测量数据汇编为《晶体的巴克尔索引》。至此,晶体形态测量的方法、仪器和成果已十分完善,形成了完整的矿物晶体形态数据体系,可用于鉴定矿物(王文魁和彭志忠,1992)。

这种用传统的晶体形态测量鉴定矿物的方法,在 1914 年 X 射线结晶学崛起后就基本上停止使用了,这是因为 X 射线能准确而迅速地鉴定矿物。但是,晶体形态测量方法在精确测定矿物晶体各晶面的晶面符号、测定不同条件下形成的同种矿物晶体形态的精细差异,并建立矿物晶体形态与形成条件的关系——形态标型等方面的工作一直都在进行。不过,现在地质科研工作中所涉及的矿物标本很少有晶体形态发育完好的,因此这种方法还是受到一定的限制。

任何一门学科的发展历史都是值得尊重的。虽然传统晶体测量方法随着 X 射线结晶学的崛起就基本上完成了它在鉴定矿物方面的历史使命,但是人们不应忘记传统的晶体测量方法在结晶学发展初期,在探索矿物晶体形态规律、统计各种矿物晶体的结晶学数据、认识晶体内部结构规律及晶体对称理论中的数学规律等方面发挥了不可磨灭的历史作用。

1.2 晶体测量在我国的发展情况

1951 年,张炳熹教授在北京大学地质系开设的岩矿专题讲座中讲授过晶体测量方法。在张老师的指导下,1958 年彭志忠、张静宜等开设了"晶体测量学"课程,并编写了教材《晶体的测量》。1959 年彭志忠等测量了我国发现的第一个新矿物——香花石的晶体形态(彭志忠等,1964)。香花石晶体形态非常复杂,有些晶体上甚至发育近 100 个晶面,还有许多单形的正形、负形、左形、右形,其形态复杂程度是其他矿物晶体形态所不能比拟的,并且它还是结晶学中五角三四面体晶类($3L^24L^3$)最好的矿物晶体形态的代表。香花石被称为"中国矿物""最美矿物"。

1968 年后晶体测量的教学与研究工作基本中断了,直至 20 世纪 80 年代初期,王文魁在武汉地质学院[现中国地质大学(武汉)]建立晶体形貌实验室,重新开设"晶体测量"课程。1983—1984 年间,王文魁与彭志忠合作改编原教材,并于1992 年出版了《晶体测量学简明教程》。之后,王文魁及其研究生们完成了雄黄、霓石、脆硫锑铅矿、锡石、钾长石、天青石、白铅矿等 20 多种矿物晶体形态的测量,并研究了一些矿物晶体形态、表面微观形貌与内部结构的关系,以及与形成条件的关系,等等。

正如前面所说,现在的地质研究工作中所涉及的矿物标本很少有晶体形态发育完好的,所以晶体测量在现在的地球科学研究中很少用到。但是,这种古老的科学方法有它特定的历史意义,值得传承,不能失传;并且它包含的一些科学思想精髓值得进一步挖掘,它与现代先进科学(如晶体结构衍射与分析)也有一些联系值得研究与发展。本教材将致力于这样的传承、保护与发展的工作。

1.3　传统晶体测量的原理与过程简介

在早期的晶体测量工作中,由于人们还没有测试晶体结构的手段与能力,因此不知道晶体结构参数。但是,自然界矿物晶体形态的神奇早已吸引人们研究其中的奥秘,因此很多人投入其中。在测量大量的矿物晶体形态后,前人通过统计发现了"面角守恒定律"和"整数定律",前者是用晶体测量来鉴定矿物的依据,后者是通过晶面分布规律揭示晶体内部结构的理论思路。因此,通过测量晶体形态,结合一定的数学计算,就可以得到晶体内部结构参数——晶体常数(即晶胞参数的比值)。

传统的晶体测量的原理是:选择一个在晶体形态上较发育的晶面为单位面,其晶面符号为(111),该晶面在三个晶轴上的截距就是晶体常数。其他晶面的晶面符号就可以通过对比其在三个晶轴上的截距与晶体常数的相对大小来确定。具体操作为:测量各晶面的方位角与极距角,做各晶面的心射极平投影;以单位面的投影点为标准,确定极格子(该晶体的心射极平投影网格)的单位长度,以此画出极格子;根据其他晶面的投影点在极格子上的位置,确定其他晶面的晶面符号;再根据极格子的单位长度,计算该晶体的晶体常数。如果在计算过程中发现一些不合理的数据,则可以改变单位面的选择,重新投影与计算,反复进行上述步骤,直到结果合理为止。

1.4　晶体测量的传承与发展——本教材有关晶体测量的思路与内容

从上述的传统晶体测量原理可以看到,单位面的选择是人为的,不一定是正确的,测量的最终目的是通过宏观形态上的晶面分布规律估算出晶体内部结构参数(即晶体常数)。因为现代先进科学仪器已经非常容易、精确地测量出晶体内部结构参数(即晶胞参数),所以以上思路显然已经不符合现代结晶学发展规律了。现在做晶体形态测量时,如果是已知矿物,可以通过查资料得到该矿物的晶胞参数;如果是未知矿物,可以用其他方法(X射线粉晶衍射等)测出该晶体的晶胞参数。因此,现在做晶体形态测量不用预先定一个单位面(111)。已知晶胞参数,可以很容易、准确地定出极格子的单位长度,以此画出极格子,再将所有晶面的心射极平投影点画到极格子上,根据各投影点在极格子上的分布位置,确定各晶面的晶面符号。这是本教材改进传统晶体测量方法提出的新的工作思路。显然,这种晶体形态测量的工作重点不在于计算晶体常数,而在于获得各晶面的晶面符号,这与传统的晶体测量的工作重点不同。

本教材还将晶体宏观形态上晶面的"反射"与晶体微观结构中面网的"衍射"类比起来,阐述晶体形态与晶体结构所蕴含的统一的、共同的、有趣的结晶学原理,这些内容是前人没有注重的,也是本书作者的创新成果。此外,本教材还将晶体测量的内容拓展到晶体内部界面的测量,如晶体交生的结合面、双晶结合面等,这些内容是前人研究没有涉及的,也是本书作者的原创性成果。

第 2 章　晶体测量的过程

2.1　双圈反射测角仪

常用的双圈反射测角仪是德国生产的 STOE 型仪器,它有标准型(J-2.15.2)和万能型(JU-2.15.3)两种。图 2-1 是 STOE 标准型双圈反射测角仪。

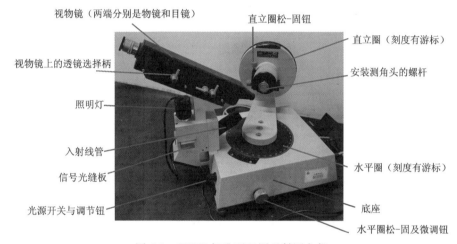

图 2-1　STOE 标准型双圈反射测角仪

该测角仪最重要的组成部分为四个轴:直立圈旋转轴 A1,水平圈旋转轴 A2,入射线轴 A3,视物镜筒轴 A4。其中,A1 与 A2 垂直,A2、A3、A4 位于同一平面内,当水平圈设置为 90°时,A2、A3、A4 所在平面垂直 A1。在测量过程中,四个轴理论上要交于一点,这个点就是晶体中心所在点。这四个轴的分布及其与所测晶体的关系见图 2-2。

A2、A3、A4 在仪器设计中是固定交于一点的,晶体是安装在 A1 上的。测量过程中最关键的是调节安装在 A1 上的晶体,使晶体直立(即晶体的 z 轴平行 A1,垂直 A2、A3、A4 所在的平面)且晶体中心与 A2、A3、A4 交点重合。这个过程将由调节测角头上的瓦板和平板及 A1 轴来完成。具体操作过程见"2.2.1 安装晶体"。

测角仪上两个重要的装置是测角头和视物镜。

5

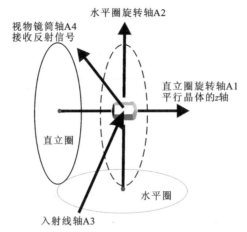

图 2-2　双圈反射测角仪中四个轴的分布示意图

　　测角头及其各种配置见图 2-3。两个互相垂直的平板用来平移晶体使晶体中心与 A2、A3、A4 的交点重合,两个互相垂直的瓦板用来调节晶体的倾斜度,使晶体的 z 轴与 A1 轴重合。在将晶体安装到测角头上时,先要将所有平板、瓦板归零(即瓦板上的刻度值为 0°,平板没有刻度,可用目估的方法将其调至居中);再根据肉眼观察大致将晶体中心置于晶托圆盘的圆心,如果是柱状晶体就要将柱体尽量垂直晶托圆盘,再将测角头安装到测角仪的 A1 轴上,在显微镜下进行精细调节。

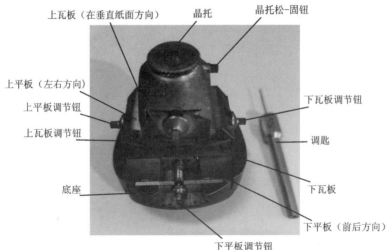

图 2-3　测角头及其瓦板与平板

　　视物镜的功能是接收和处理来自晶面的反射信号。它由目镜、物镜和能自由进入或退出光路的三个透镜组成。目镜中心有十字丝刻度,通过轻微旋转目镜来调节焦距使十字丝刻度清晰。物镜固定在视物镜前方。轻轻搬动手柄(见图 2-1 中视物镜上的透镜选择柄)可使透镜进入或退出光路,三个透镜的作用是使视物镜具有显微镜(观察晶面图像)和望远镜(观察晶面的反射信号)两种功能,以及不同的放大倍数。三个透镜有四种组合,各种组合的功能与放大倍数见图 2-4 及其说明。

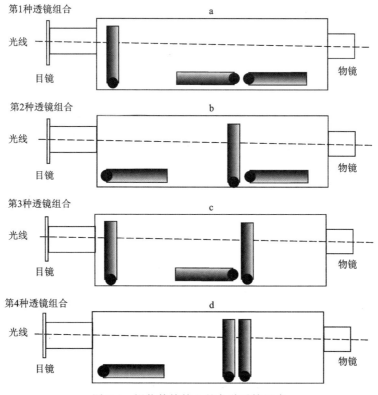

图 2-4　视物管镜筒上的各种透镜组合

a. 低倍显微镜(65×,晶体 1mm＝32 格刻度,视域直径 4.5mm);b. 高倍显微镜(130×,晶体 1mm＝64 格刻度,视域直径 2.25mm);c. 低倍望远镜(晶面反射信号对十字丝中心错调 1°＝12 格刻度);d. 高倍望远镜

(晶面反射信号对十字丝中心错调 1°＝24 格刻度)

最后还要说明的是,入射光线要先经过光缝才能投射到晶面上。光缝是十字状,或是经过信号光缝板(图 2-1)后变成"8""∞"两种形态,入射光线经过它们后,即成为晶面反光信号的形状。测量时可以人为地选择合适的反光信号形状。

该双圈反射测角仪的测量原理:晶体安装在测角头上,再将测角头安装在直立圈旋转轴 A1 上,直立圈度量的是晶面的方位角,水平圈(旋转轴为 A2)度量的是晶面的极距角。当某晶面对入射光线产生的反射线进入视物镜筒时,说明该晶面的法线恰好位于入射光线 A3 与视物镜筒轴线 A4 的夹角平分线处,这时读出直立圈数值与水平圈数值。通过旋转直立圈、水平圈,让另一晶面的法线也位于入射光线 A3 与视物镜筒轴线 A4 的夹角平分线处,这时再次读出直立圈数值与水平圈数值。以此类推,测得所有晶面的直立圈数值与水平圈数值后,通过换算可以得出所有晶面的方位角与极距角。

2.2　晶体形态测量的具体操作过程

2.2.1　安装晶体

1)选择待测晶体

选择有较多晶面发育的、粒径合适的晶体作为测量对象。对于 STOE 标准型双圈反射测角仪,晶体粒径在 1~3mm 之间最合适。如果晶体粒径小于 1mm 或大于 3mm,测量过程会有一些困难,但有经验的测量者也是可以尝试测量的。但根据经验,晶体粒径不能小于 0.2mm 或大于 5mm,否则测量数据不准确。

2)进行初步定向

在晶体宏观形态上根据晶面的分布规律大致找出晶体的 z 轴。如果是柱状晶体,一般平行柱体方向就是 z 轴;如果是板状晶体,一般垂直板面方向就是 z 轴;如果是粒状或柱状晶体,且能判断某个晶面是顶面[即(001)面],则对于等轴、四方、六方、斜方晶系来说,垂直这个顶面的方向就是 z 轴,对于单斜、三斜晶系来说,z 轴与这个顶面的夹角也是已知的(如果已知该晶体的名称);如果是粒状或不规则状晶体,且能判断某些面会形成一个锥,如四方双锥、斜方双锥等,则与这个锥的所有晶面夹角相同的方向就是 z 轴。如果上述条件都不存在,晶体的 z 轴就不太好确定,只能凭经验。如果实在确定不了 z 轴的方向,也可以先假定一个 z 轴,待测试数据出来后,通过投影在投影图上根据晶面投影点分布的对称性判断这个假定的 z 轴是否正确;如果不正确,在投影图上根据晶面投影点的分布规律重新寻找 z 轴。

3)将晶体安装到测角头上

将测角头的所有瓦板、平板都归零,用胶泥把晶体粘在测角头的晶托上,尽量将 z 轴垂直于晶托的平面,这样才能保证将测角头安装到直立圈的旋转轴上后晶体的 z 轴平行于直立圈的旋转轴 A1。

4)将测角头安装到测角仪的 A1 轴上

测角头底部有个凹坑,这个凹坑要卡住 A1 轴上的凸点,然后将测角头底部的螺旋套旋紧到 A1 轴的螺杆上。

5)晶体居中调节

首先要检查测角仪的水平圈读数是否在 $90°$ 的位置。然后将视物镜筒上的透镜组合调到看晶体图像的设置[即图 2-4 中第 1 或第 2 种透镜(显微镜)组合],这时从镜筒可以看到晶体的图像。如果看不到晶体图像,调节测角头上的平板使晶体平移进入镜筒视域,并旋转 A1 轴(但固定直立圈)使晶体沿 A1 轴前进或后退而使晶体进入镜筒视域。最后精细地调节测角头平板使晶体中心与镜筒视域的横丝重合,调节 A1 轴使晶体顶部中心与镜筒视域纵丝重合,这样晶体居中调节就完成了。

6)将晶体的 z 轴平行 A1 轴

(1)如果是柱状晶体,就在镜筒视域中看看柱体是否与视域横丝平行,若不平行,调节测角头的瓦板使柱体平行横丝。具体操作是:旋转直立圈使测角头的一个瓦板近于水平方向,用图 2-3 中测角头配件——调匙,旋转测角头上相应瓦板的螺杆,同时在镜筒视域中观察晶体柱体的倾斜方向,直至与横丝平行;旋转直立圈 $90°$ 使测角头的另一个瓦板近于水平方向;重复上述操作,调节瓦板,使晶体柱体平行横丝。这时晶体的 z 轴就与 A1 轴近于平行了,但还需精调:将视物镜筒上的透镜组合调到看晶面反射信号的设置[即图 2-4 中第 3 或第 4 种透镜(望远镜)组合],此时从镜筒可以看到晶面的反射信号,旋转直立圈,如果所有柱面的反射信号随着直立圈的旋转都经过纵丝,则晶体的 z 轴与 A1 轴完全平行。否则,就需要反复调节瓦板,使所有柱面的反射信号都经过纵丝。

(2)如果是板状晶体,且已知 z 轴垂直板面,这时在安装晶体到测角头上时将晶体顶面平行晶托平面,在镜筒视域中可以看到晶体顶面的投影线(因为镜筒对着的是顶面的侧面,而视线是与顶面垂直的)。调节瓦板使这个顶面的投影线与纵丝平行,这时晶体的 z 轴就大致与 A1 轴平行了,但还需精调:将水平圈旋转至 180°,使晶体的顶面正好对着镜筒,这时选择看晶面反射信号的透镜组合,在镜筒中可以看到该顶面的反射信号,旋转直立圈一周,该反射信号基本上在视域的横丝纵丝交点上不动(或者围绕横丝纵丝交点画一个很小的圆),说明晶体的 z 轴与 A1 轴完全平行。

上述方法也适用于顶面发育的柱状、不规则状晶体的安装,即只要有一个顶面且已知这个顶面是垂直 z 轴的,都可以用这种方法安装晶体。

(3)如果是不规则形态的晶体,且不知道哪些是柱面、哪个是顶面,这时要寻找哪些晶面会形成一个锥(如四方双锥、单锥等),以这个锥中的晶面来安装晶体。安装晶体的方法如下:因为这个锥中各晶面的极距角(晶面法线与 z 轴的夹角)是相同的,所以先估算一下这个极距角是多少。假定这些锥面的极距角为30°,将测角仪水平圈调至 180°减 30°,这时旋转直立圈,如果所有锥面的反射信号都经过纵丝,则晶体的 z 轴就与 A1 轴平行了,否则就要反复调节两个瓦板来实现这一点。如果通过反复调节瓦板还是实现不了这一点,则说明假定的极距角不对,这时要将水平圈在 180°减 30°附近来回调节,看调到哪个角度能够实现所有锥面的反射信号都经过纵丝。

晶体的安装是整个晶体测量过程中最关键的一步,晶体安装完成后,晶体测量工作就完成一半了。如果晶体安装不正确,就会导致后续的测量、投影都不正确。当然,若实在找不到 z 轴,只能假定一个 z 轴方向来测量,然后根据测量的结果来判断假定的 z 轴是否正确,如果不正确只能重测。

2.2.2 测量各晶面的直立圈读数与水平圈读数

晶体安装完成之后,晶体的 z 轴平行直立圈旋转轴 A1,直立圈读数就可以反映晶面的方位角,而水平圈读数就可以反映晶面的极距角。将所有晶面都调至反光位置,先看晶体图像,这个反光的晶面在镜筒视域中是亮的;然后观察它的反射信号,通过微调水平圈和直立圈,将它的反射信号调至纵丝与横丝交点上,此时读出直立圈读数与水平圈读数,并记录下来。记录格式见表 2-1。

表 2-1　晶体测量记录表

矿物名称：_____　　　　　　　晶体顶观草图及晶体编号

矿物产地：_____　　　　　　　　比例尺：_____

矿物编号：_____

测量日期：_____

测量者：_____

备注：_____

$v_0 =$ _____　　　$h_0 =$ _____

晶面编号	晶面形状	信号形状	信号质量		直立圈读数 $v(°)$	水平圈读数 $h(°)$	方位角 $\varphi = v - v_0(°)$	极距角 $\rho = h_0 - h(°)$	备注
			亮度	清晰度					
	+	+							
	+	+							
	+	+							
	+	+							
	+	+							
	+	+							
	+	+							
	+	+							
	+	+							
	+	+							
	+	+							

注："+"表示目镜中十字丝中心，晶面形状与信号形状要表达出其与十字丝中心的相对位置。

对表 2-1 中的各项记录内容说明如下。

（1）对晶体上的每个晶面进行编号。这个工作在晶体安装到测角头之前就要完成,可以在双目镜下进行。画出每个晶面的形状、相邻晶面的相互关系,以及相邻晶面的交棱等的示意图,并将这些晶面进行编号。这个示意图可以帮助我们在测角仪上判断每个晶面的编号及形状。

(2)在视物镜筒上选择看晶体图像的透镜组合,旋转直立圈和水平圈,找到一个恰好处于反光位的晶面,此时晶面是亮的;然后画出这个晶面的形状,再对照双目镜中的图像画出各晶面的形状,根据示意图确定这个晶面的编号。

(3)在视物管上选择看晶面反射信号的透镜组合,微调水平圈和直立圈让反射信号严格在纵丝与横丝的交点上,这时读出直立圈读数与水平圈读数,并记录下来。

(4)关于反射信号质量:如果晶面较大且光滑,则这个晶面的反射信号形状一定是很清晰的,此时可以人为地规定这个晶面的反射信号质量为5;如果晶面小且不平,则这个晶面的反射信号很模糊,就将这个晶面的反射信号质量定为1;如果晶面介于两者之间,就将它们的反射信号质量依次定为4、3、2。

(5)关于反射信号形状:如果晶面平滑光亮,反射信号就应该是一个清晰的十字形(或"8""∞"等形,依据所选择的光缝板而变)。实际晶体形态的晶面可能出现一些弯曲,导致信号发散,不是一个点而是一条线或一个散斑,这时要将这个信号形状记录下来,帮助判断这个晶面是否光滑、测试数据是否可靠。若反射信号不集中,就需要人为地选择一个中心点来确定反射信号的位置,以此来确定直立圈读数与水平圈读数。

在具体的测量过程中,一般都是先测柱面,因为所有柱面的极距角都是90°,因此将水平圈读数固定在90°(对于STOE标准型双圈反射测角仪,极距角＝180°－水平圈读数,所以当极距角为90°时,水平圈读数也应是90°),旋转直立圈,所有的柱面都应该处于反光位置,其信号都能经过视物管视域十字丝中心。测完柱面后,先估算一下其他非柱面的极距角大概是多少,然后根据"极距角＝180°－水平圈读数"来选择水平圈的位置,将其他非柱面也一一旋转到反光位置,微调水平圈、直立圈,读出其他非柱面的直立圈读数与水平圈读数。

2.3　计算晶面的方位角与极距角

极距角的确定取决于 z 轴的选择。在安装晶体时已经确定了 z 轴,所以,极距角就很容易确定了。根据STOE标准型双圈反射测角仪的设置,只要 z 轴平行A1轴,极距角＝180°－水平圈读数(即极距角 $\rho = h_0 - h$,h_0 为180°,见

表2-1),根据这个公式就可以利用水平圈读数计算出极距角。那么,方位角怎么确定呢?方位角的确定取决于 y 轴的选择,一旦 y 轴选定了,y 轴应该处于方位角为 $0°$ 的位置,晶面的方位角就可以根据与 y 轴的相对位置而确定。在安装晶体时并不需要选定 y 轴,但在计算方位角时就需要选定 y 轴。

y 轴的选定有两种情况。

(1)已知晶体名称和晶体上发育的某个单形名称时,可以根据 y 轴与这个单形的关系来选定 y 轴。

例如,已知晶体名称是锆石,四方晶系,发育的柱面是四方柱{100}或/和{110},发育的锥面是四方双锥{101}(图 2-5)。如果所测晶体上柱面是{100}[一共有四个晶面(100)(010)($\bar{1}$00)(0$\bar{1}$0)],则 y 轴在垂直(010)面的方向上,所以 y 轴的方位角等于某个{100}面(四个晶面任选一个)的直立圈读数;如果所测晶体上柱面是{110}[一共有四个晶面(110)(1$\bar{1}$0)($\bar{1}$10)($\bar{1}\bar{1}$0)],则 y 轴处于与某个{110}柱面法线 $45°$ 的方向上,所以 y 轴的方位角等于某个{110}面(四个晶面任选一个)的直立圈读数减 $45°$。如果确定不了柱面是{100}还是{110},可以根据锥面{101}的位置来确定,某个柱面与锥面{101}的直立圈读数相同,则这个柱面就是{100}(因为{100}与{101}方位角相同),否则是{110}。因为锆石只发育锥面{101},不发育锥面{111},所以可以很方便地对锆石进行定向。如果某个晶体既发育{111}也发育{101},就要根据锥面的极距角来确定哪个锥面是{111},哪个是{101}。只有确定了哪个锥面是{111},哪个是{101},才能确定相应的柱面哪个是{110},哪个是{100},最终确定 y 轴。

再例如,已知晶体名称是石英,三方晶系,发育的柱面是六方柱{10$\bar{1}$0},锥面是大菱面体{10$\bar{1}$1}和小菱面体{01$\bar{1}$1}(或{0$\bar{1}$01})(图2-6)。y 轴与六方柱的晶面夹角是 $30°$,所以 y 轴的方

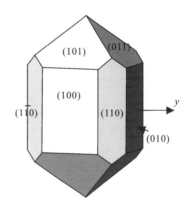

图 2-5　锆石晶体上 y 轴的位置

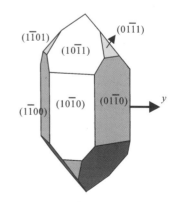

图 2-6　石英晶体上 y 轴的位置

位角等于某个 $\{10\bar{1}0\}$ 面的直立圈读数减 $30°$。但是，石英的 y 轴有正向、负向之分，要选择 y 轴的正向处于方位角等于 $0°$ 的位置。判断 y 轴是正向还是负向，要根据大菱面体 $\{10\bar{1}1\}$ 和小菱面体 $\{01\bar{1}1\}$ 的方位来确定，当 y 轴的正向处于方位角为 $0°$ 的位置时，则大菱面体 $\{10\bar{1}1\}$ 的方位角等于 $90°$，小菱面体 $\{01\bar{1}1\}$ 的方位角等于 $30°$；如果 y 轴的负向处于方位角为 $0°$ 的位置时，则小菱面体 $\{01\bar{1}1\}$ 的方位角等于 $90°$，大菱面体 $\{10\bar{1}1\}$ 的方位角等于 $30°$。

对于石英的定向，y 轴有正向、负向之分，但是对于上述的锆石，y 轴没有正向、负向之分的问题，因为锆石的 y 轴正向与负向是等效的。

一旦 y 轴的方位角确定后，所有晶面的方位角 = 晶面直立圈读数－y 轴的方位角（即方位角 $\varphi = v - v_0$，v_0 为 y 轴方位角，见表 2-1）。这样，我们就将晶体的 y 轴置于方位角等于 $0°$ 的位置，而所有其他晶面的方位角也相对于 y 轴确定下来了。在本书第 6 章中列出了一些晶体测量数据与方位角、极距角的计算实例。

(2)已知晶体名称，但不知道晶体上发育的单形名称，这时可以先用直立圈读数作为方位角来进行初步投影，再根据投影点分布规律在投影图上画出一些主要晶带，这些晶带之一就有可能是平行 y 轴的晶带，就可以找出 y 轴。具体做法请参考第 6 章 6.4 节文石晶体测量实例。

如果连晶体的名称也不知道，就没法找 y 轴了，只能先用其他方法确定晶体名称后再来找 y 轴。

第 3 章　晶体的投影

晶体的投影就是根据晶体测量所得到的各晶面方位角与极距角,将各晶面投影到平面图上。在投影图上,每个晶面都转化成一个投影点,每个晶面投影点的位置由其方位角和极距角(即晶面的空间坐标)确定。这样,在投影图上可以很清楚地看出晶体形态上个晶面的空间位置关系。因为晶面都转化为一个投影点,所以晶面大小、形状等信息都没有了。晶体的投影就是突出表现各晶面的空间关系,而将晶面大小、形状等信息忽略。同种晶体晶面大小、形状的不同导致出现各种各样的“歪晶”,“歪晶”使得同种晶体形态变化无常,但投影图上是忽略晶面大小、形态信息的,所以同种晶体的投影图都是一样的。在投影图上可以清晰地看出各晶面的空间位置关系、对称关系等,消除“歪晶”对晶体形态带来的影响。

常用的晶体投影方法有两种:极射赤平投影(stereographic projection)和心射极平投影(gnomonic projection)。前者在结晶学及矿物学类的教科书上有详细介绍,并在岩石学、构造地质学中广泛应用,而后者却较少为人所知。但心射极平投影在晶体测量学中有独特的优点,它由 F. C. Neumann 发明,V. Goldschmidt 在晶体测量研究中普遍应用这种投影方法。本章首先介绍心射极平投影,然后介绍各晶系心射极平投影图的特点,最后介绍心射极平投影与极射赤平投影的优缺点对比。

3.1　心射极平投影

3.1.1　心射极平投影的原理

围绕晶体想象地画一个球,称为投影球,球心 M 与晶体中心一致。过 M 做直立直径 SMC,称为投影轴。在 C 点做投影球的切面 Gn,称为极平投影面(图 3-1)。可以将投影球比喻为地球,投影轴两端 S 和 C 则分别是南极点与北极点,过球心并垂直投影轴的平面与球的交圆为赤道。

心射极平投影就是:从球心做各晶面的法线,这些法线延伸投影到极平面上。具体做法:从球心做晶面(图 3-1 中灰色三角形)的法线 MP,P 点为某晶面的球面投影点,也称极点,它在球面上的位置可以用球面坐标(即方位角 φ 和极

距角 ρ)来确定。将法线 MP 延伸与极平投影面 Gn 相交,交点 P' 就是晶面的心射极平投影点(图 3-1)。图中晶面的球面坐标(方位角 φ 与极距角 ρ)的含义如图 3-2所示。

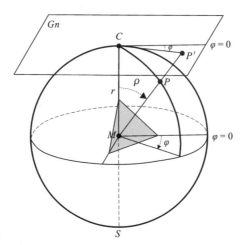

图 3-1　心射极平投影原理示意图

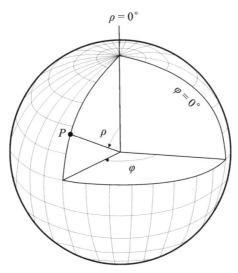

图 3-2　晶面的方位角 φ 与极距角 ρ 示意图

3.1.2　晶面的心射极平投影图特征

图 3-3 是极平投影面的情况,图面相当于极平面,即图 3-1 中的 Gn,图中的

圆称为基圆,其半径与投影球半径一致,C 是圆心,代表投影轴的位置。

各种晶面的投影点位置:与投影面平行的水平晶面投影在圆心,与投影面斜交的倾斜晶面投影在基圆内。例如:图 3-1 中的晶面(灰色三角形)的心射极平投影点 P',在图 3-3 中也用 P' 表达,P' 与基圆中心的距离可用 $r\tan\rho$ 来表示(r 为基圆半径,ρ 是晶面的极距角)。如图 3-4 所示,该图是通过图 3-1 中 P' 和 C 点的垂直切面,从这个切面可以看出:

$$CP'/r = \tan\rho$$

$$CP' = r\tan\rho$$

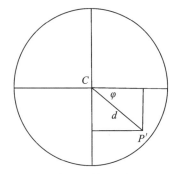

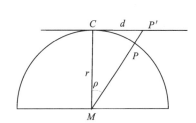

图 3-3　图 3-1 中的心射极平投影面 Gn　　　　图 3-4　图 3-1 中通过 $P'C$ 的垂直切面

晶面越近水平,投影点就越靠近圆心;晶面越近直立,投影点就越远离圆心。当晶面直立时,晶面法线水平,与极平投影面无法相交,即不能做出直立晶面的投影点,在投影图上只能用这些晶面的法线方向来表示,这是心射极平投影的最大缺陷。对于极距角大于 75° 的晶面,其投影点会离圆心很远。

每个晶面的空间位置用方位角和极距角表示,而每个晶面的心射极平投影点,也可以根据方位角和极距角确定其在投影图中的位置。晶体上所有晶面的投影点就构成了晶体的心射极平投影图。图 3-5 是锆石的心射极平投影图,图中标出了上半球晶面投影点的方位角与极距角。其中 1~8 号面为柱面,极距角都为 90°,在投影图上只能用箭头表示;9~12 号面为锥面,晶面投影用黑点表示,极距角为 42°。该投影图做了上半球晶面投影。

3.1.3　晶带的心射极平投影

属于同一晶带的晶面,其法线位于同一平面,该平面为过球心的大圆,所以晶带的投影相当于投影球上大圆的投影。投影球上大圆在心射极平投影图上表

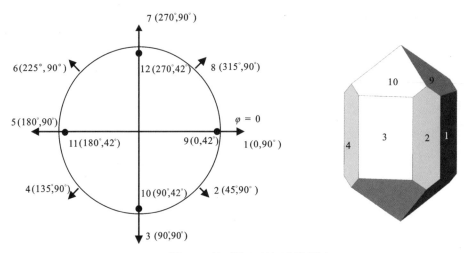

图 3-5　锆石的心射极平投影图

(图右边为锆石理想晶体形态图,其中 5~8 号面在 1~4 号面对面)

现为一条直线,所以晶带的心射极平投影就是一条直线(图 3-6)。连接任意两个晶面投影点的直线就是一个晶带,属于两个晶带的晶面就是这两个晶带投影直线的交点。因此,投影图上任意两根晶带线的交点是晶体上可能的晶面。这样,一个晶体上所有晶面的心射极平投影点可以连成一条一条的直线。如果选择主要晶带连成线,可以形成反映该晶体对称特点的网格。各晶系晶体常数不同,形成的网格形状也不相同。

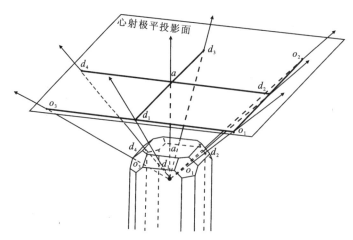

图 3-6　晶体上晶带 $o_1d_2o_2$、d_1ad_3、$o_1d_1o_3$、d_2ad_4 在心射极平投影图上分别为直线

3.1.4 球面上大圆和小圆的投影与投影网

球面上大圆在心射极平投影图上为直线,如图 3-7 所示,直立大圆 p_1 投影为直线 P_1、倾斜大圆 p_2 投影为直线 P_2、球面上直立小圆 p_3 投影为双曲线 P_3、球面上倾斜小圆 p_4 投影为椭圆 P_4。

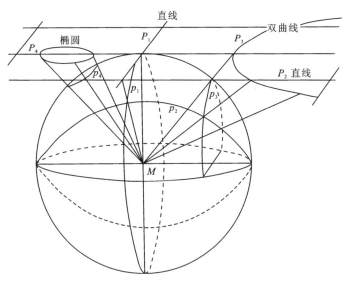

图 3-7 球面上大圆、直立小圆和倾斜小圆在极平面上的投影

图 3-8 为球面上一系列等角距的大圆和直立小圆的心射极平投影。图中可见,在球面上等角距的一系列直立和倾斜大圆在极平面上为间距逐渐变大的直线,在球面上等角距的一系列直立小圆在极平面上为曲度和间距逐渐加大的双曲线。

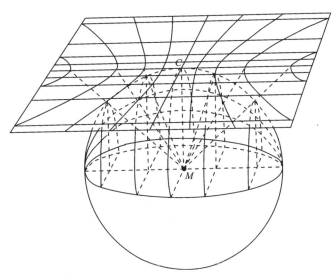

图 3-8 球面上一系列大圆和直立小圆在极平面上的投影

根据心射极平投影的这种特点,可以将球面上一系列等分度的大圆和小圆投影在极平面上,形成心射极平投影网(图 3-9)。这种网也称为 Hilton 网(希尔顿网),它是 Hilton 发明的。希尔顿网的用法与吴氏网类似。从图上可见,这种网的分度自投影中心向外最多达 70°稍多一点,大于此角度的大圆和小圆将投影到更远的地方,投影网上不便画出。图中用一个正方形的四个角点 O_1-O_2-O_3-O_4 标注方位角和极距角都等于 45°的位置。

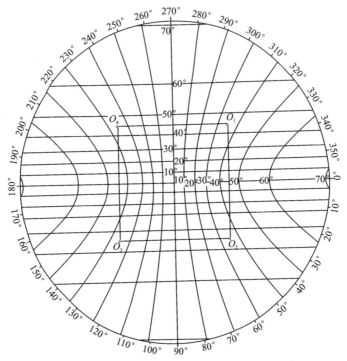

图 3-9　球面上一系列等分度(10°)的大圆和小圆投影在极平面上形成的
心射极平投影网(希尔顿网)

3.1.5　晶体心射极平投影的工具和方法

根据晶体上各晶面的方位角和极距角,可以做出晶体的心射极平投影图。可以用极平投影网(希尔顿网)来做投影,类似于用吴氏网投影一样,用基圆上的刻度量方位角,用直径量极距角。

现在最常用的方法是,设计一个投影网,只保留基圆和相互垂直的两条直径,大圆和小圆投影形成直线的双曲线不保留,在周边正方形上标出 0°～360°刻度,用于量方位角,极距角则用 $d = r\tan\rho$ 算出距圆心的距离来确定,这个距离可以用正切表读出。具体做法:从方位角等于 0° 的地方沿周边刻度数到某晶面的方位角的位置,在这个位置上做一个半径,查正切表找到某晶面的极距角所对应的 d 值,即距圆心的距离,在这个半径上用直尺从圆心量出所对应的距离,定下一个点,这个点就是该晶面的投影点,如图 3-10 所示。图中有半径为 10cm 和 5cm 的两个基圆,通常的正切表是对应半径为 10cm 的基圆时的 d 值;如果用半径为 5cm 的基圆,则将正切表上的 d 值减半。

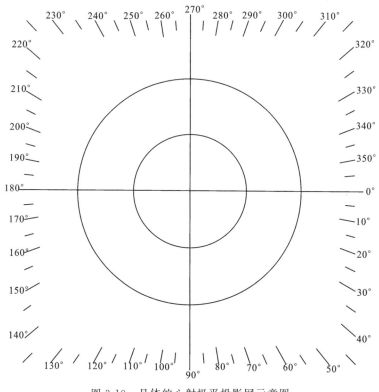

图 3-10　晶体的心射极平投影网示意图

(四周角度可量方位角,在实际投影网上,两个圆的半径分别为 10cm 和 5cm,供作图者选用)

3.2　各晶系心射极平投影格子与极格子的特点

晶体形态上的晶面是按照晶带分布的,而晶带的心射极平投影为直线,所以在心射极平投影图上,可以将主要晶带(如<100>、<010>晶带)画成线条,形成网格状(图 3-6)。我们将在投影平面上由主要晶带的投影线条形成的网格称为投影格子。投影格子的形状表示了晶体的对称性,即表示了晶体所属晶系,投影格子的交点可以用来对晶面的投影点进行指标化(即确定该晶面的晶面符号,详见第 4 章)。

早期相关学者是根据被测晶体形态上各晶面投影点的分布规律来画投影格子。画投影格子时遵循的原则为:①投影格子形状的对称要与晶体所具有的对称相符;②尽量多地让晶面投影点落在投影格子的交点上,这样才能保证大多晶面为简单指数晶面(详见第 4 章);③在符合上述条件下投影格子的边长尽量与基圆半径相同,且相互垂直或尽量垂直;④尽量参考前人资料,画出的投影格子应与前人对该种矿物晶体测量投影后画出的格子相同。此外,画投影格子时也可以假想一个单位面(111)来决定格子的单位长度,即:将被测晶体形态上某个最发育的晶面定为(111),这个面的投影点坐标值就被定义为格子的单位长度。

早期的这些做法都是因为不知道被测晶体的晶体常数(即 $a:b:c$ 及 α、β、γ),通过晶体上各晶面的投影点分布规律画出投影格子,来计算晶体的晶体常数,同时也确定各晶面的晶面符号。但是,这种画投影格子的方法包含许多不确定的因素,如假定的(111)面有可能是不对的,所以画出的投影格子及根据投影格子定出的晶面符号都是不确定的。

现在,人们能够很方便地通过各种测试得到晶胞参数的精确数值,根本不需要通过测量晶体形态上的晶面分布规律来计算晶体常数。所以,现在做晶体形态的测量工作与前人的思路完全不同,即不需要由晶面分布规律来画出投影格子,在投影格子上确定晶面符号,再推算晶体常数,而是由已知的晶体常数(晶胞参数)来画出投影格子,并在投影格子上确定各晶面的晶面符号。

早期相关学者做晶体测量工作时,在投影格子与晶体常数之间,还涉及一个重要的概念——极格子。当时晶体测量工作的思路是这样的:从晶面的心射极平投影点分布规律→画出投影格子→转换成极格子→再转化成晶体常数。极格子是一个很重要的概念,它跟投影格子很相似,但又不完全相同。对于等轴、四方、三方、六方、斜方晶系,极格子与投影格子相同;对于单斜、三斜晶系,极格子与投影格子不完全相同。为什么说极格子是一个很重要的概念呢?是因为它类似于在 X 射线衍射研究中所涉及的"倒易格子"。"倒易格子"用来指标各衍射面网的面网符号,而极格子是用来指标各晶面投影点的晶面符号的。它们的意义与定义都是相似的,这一点在第 7 章有详细的阐述。

极格子是根据晶体常数画出来的。表 3-1 列出了各晶系晶体常数(轴率 a:b:c 和轴角 α、β、γ)。怎么从晶体常数画出极格子呢? 定义极格子的三个边长为:P 轴垂直(100),Q 轴垂直(010),R 轴垂直(001)。格子的单位长度是:$q_0 =$(101)投影点与(001)投影点的距离,$p_0 = $(011)投影点与(001)投影点的距离。这个距离就是:规定晶面都截 z 轴一个单位,并规定 z 轴的一个单位是投影球半径时,晶面在 x 与 y 轴上的单位截距的倒数,即 $p_0 = 1/$(101)面在 x 轴上的截距,$q_0 = 1/$(011)面在 y 轴上的截距,$r_0 = 1/$(001)面在 z 轴上的截距 $= 1$(投影球半径)(参考第 4 章 4.1 节)。这个格子的单位长度看上去很复杂,但对于等轴、四方、斜方晶系来说,就是 $p_0 = 1/a$,$q_0 = 1/b$,$r_0 = 1/c = 1$;对于三方、六方、单斜、斜方晶系来说,需要做一个三角函数转换,因为这些晶系不是直角坐标系,具体的转换关系列于表 3-2 中。格子中轴之间的角度:λ 为(010)和(001)的夹角,μ 为(001)和(100)的夹角,υ 为(100)和(010)的夹角(这里是指面的法线的夹角,并且有 $\alpha + \lambda = 180°$,$\beta + \mu = 180°$,$\gamma + \upsilon = 180°$)。我们把由 P 轴和 Q 轴组成的格子称极格子。极格子类似于 X 射线衍射研究中所用到的"倒易格子",它相当于"倒易格子"中的一层"面网"。极格子上各种形状要素称为极式要素。极式要素是通过晶体常数(轴率和轴角)换算而得到的,表 3-2 列出了各晶系极格子中极式要素与晶体常数的关系。

需要特别注意的是:对于等轴、四方、三方、六方、斜方晶系,极格子与投影格子是一样的;但对于单斜、三斜晶系,极格子与投影格子不一样,有一个很小的差距。这是因为极格子是在由 P 轴、Q 轴和 R 轴组成的三维极格子中令 $r_0 = 1$ 的一个平面内,这个平面在等轴、四方、三方、六方、斜方晶系中就是投影平面。但在单斜、三斜晶系中,这个平面不是投影平面,因为单斜、三斜晶系的 R 轴[(001)的法线]不是直立的而是倾斜的,R 轴与投影球的交点不在北极点,过 R 轴与投影球的交点的平面(即令 $r_0 = 1$ 的平面)不是投影平面,而投影格子是在投影平面(即过北极点的面)上由主要晶带的投影线组成。所以,单斜、三斜晶系的极格子与投影格子不一样,但差距也很小。

表 3-1 各晶系晶体常数

晶系	晶体常数(令 $c=1$)	
	$a:b:c$(轴率)	α、β、γ(轴角)
等轴	$1:1:1$	$90°$、$90°$、$90°$
四方	$a:a:1$	$90°$、$90°$、$90°$
三方和六方	$a:a:1$	$90°$、$90°$、$120°$
斜方	$a:b:1$	$90°$、$90°$、$90°$
单斜	$a:b:1$	$90°$、β、$90°$
三斜	$a:b:1$	α、β、γ

表 3-2 各晶系极格子中极式要素与晶体常数的关系(修改自王文魁和彭志忠,1992;

北京地质学院矿物教研室,1963)

晶系	极式要素	
等轴	$p_0=q_0=r_0=1$	$\lambda=\mu=\upsilon=90°$
四方	$p_0=q_0=1/a$,$r_0=1$	$\lambda=\mu=\upsilon=90°$
六方和三方	$p_0=q_0=1/(a\cos30°)$,$r_0=1$	$\lambda=\mu=90°$,$\upsilon=60°$
斜方	$p_0=1/a$,$q_0=1/b$,$r_0=1$	$\lambda=\mu=\upsilon=90°$
单斜	$p_0=1/a$,$q_0=\sin\beta/b$,$r_0=1$ $e=\sin\rho_0=\sin(\beta-90°)$	$\lambda=\upsilon=90°$,$\mu<90°$
三斜	$p_0=\sin\alpha/(a\sin\gamma)$,$q_0=\sin\beta/(b\sin\gamma)$,$r_0=1$ $x_0=\sin\rho_0\sin\varphi_0=\sin(\beta-90°)\sin(90°-\gamma)$ $y_0=\sin\rho_0\cos\varphi_0=\sin(\beta-90°)\cos(90°-\gamma)$	$\lambda\neq\mu\neq\upsilon\neq90°$

注:表中单斜晶系和三斜晶系的 e、x_0、y_0 是指(001)面投影点距圆心的距离。

图 3-11～图 3-16 是各晶系的极格子。这些图是当晶体的 z 轴与投影面垂直的情况。并且,规定方位角 $\varphi=0°$ 的位置在圆(投影球的投影)的水平半径的右侧方向。

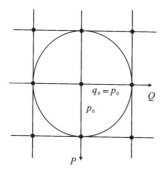

图 3-11　等轴晶系极格子

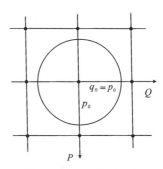

图 3-12　四方晶系极格子

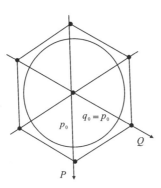

图 3-13　三方、六方晶系极格子

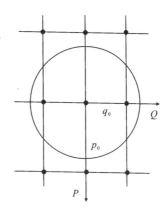

图 3-14　斜方晶系极格子

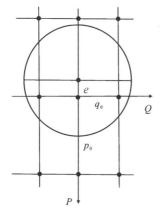

图 3-15　单斜晶系极格子

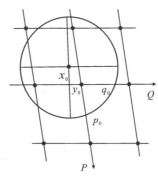

图 3-16　三斜晶系极格子

25

3.3 心射极平投影与极射赤平投影的优缺点对比

极射赤平投影是大家更为熟悉的投影方法,在结晶学、构造地质学广为使用。极射赤平投影与心射极平投影的原理很相近,只是目测点与投影平面不同。极射赤平投影是将目测点放在南极(或北极),投影平面为赤道平面。而心射极平投影是将目测点放在投影球中心,投影面为过北极点的切面。图 3-17 示意了这两种投影的关系,并将某晶面(图中灰色三角形)的球面投影点 P、心射极平投影点 P'、极射赤平投影点 P'',以及该晶面的方位角与极距角都标出,便于对比。

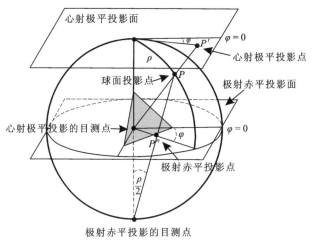

图 3-17 极射赤平投影与心射极平投影的关系示意图

极射赤平投影的优点是:①各种晶面的方位角皆能投影;②可以在投影图上很方便地测量晶面的夹角;③可以方便地旋转晶体坐标系。缺点是:①精度不够,尤其是当极距角较小时,投影点比较集中在圆心附近;②作图时多用圆弧线,不如直线精确。

心射极平投影的优点是:①投影点之间连线后可以很快知道晶体的所属晶系;②可以方便地求出晶面符号(详见第 4 章);③精确度比极射赤平投影大得多,因为作图都用直线,比圆弧线精确,且当极距角较小时投影点距圆心的距离较大,投影点较分散;④可以方便地用来做晶体的透视图(详见第 5 章)。缺点是:①对极距角大的晶面很难投影,当极距角为 90°时不能投影;②在投影图上不能方便测量晶面夹角;③不能做晶体的旋转。

总之,心射极平投影主要在晶体测量时确定晶系、晶面符号方面有优势,其他方面都不如极射赤平投影方便使用。

第 4 章　晶面符号的确定

4.1　晶面的戈氏符号

晶体形态上各晶面的空间位置,是用晶面符号来表示的。常用的晶面符号为米氏符号,即晶面在三根晶轴上的截距系数的倒数比[用 (hkl) 表示]。h、k、l 分别为晶面在 x、y、z 轴上的晶面指数,也就是在 x、y、z 轴的截距系数的倒数比值。米氏符号在一般的结晶学教科书中都有详细介绍,这里不再赘述。

在晶体测量中用得最多的是晶面的戈氏符号,即晶面在截 z 轴为 1 个单位时,在其他两个晶轴上的截距系数的倒数比[用 (pq) 表示]。p、q 分别为晶面在 x、y 轴上的晶面指数,也就是当晶面在截 z 轴为 1 个单位时在 x、y 轴的截距系数的倒数比值。由此可见,戈氏符号就是将米氏符号的第三个晶面指数固定为 1 时,其他两个晶面指数的相对值。例如,晶面的米氏符号为 (123),则戈氏符号为 (1/3　2/3)。

戈氏符号是专门为心射极平投影设计的。因为心射极平投影面是过投影球北极点的切面(图 3-1),投影球半径为被人为地设为 1,则心射极平投影面距球中心的距离为 1。当设定晶面截 z 轴为 1 时,其他两个晶轴上的晶面指数,即戈氏符号 (pq),就恰好是晶面投影点在心射极平投影图上的坐标值。

下面我们来证明这一点:任一晶面的米氏符号为 $(pq1)$ 时,其投影点在心射极平投影图上的坐标为 pp_0 与 qq_0,其中 p_0 与 q_0 是单位面 (111) 的坐标值。

图 4-1 是心射极平投影中通过 x 轴与 z 轴的切面,假定晶面 (101) 的投影点 101 距中心 C 的距离为 p_0,CM 和 p_0 所组成的直角三角形与 CM 和 (101) 晶面所组成的直角三角形为相似三角形,所以有:

$$p_0/CM = CM/a \tag{4-1}$$

其中 CM 是投影球半径,已经被人为地设为 1,a 为 (101) 晶面在 x 轴上的截距(当在 z 轴上截距为 1 时),也就是晶体常数在 x 轴上的值。所以就有:

$$p_0 = 1/a \tag{4-2}$$

那么,再假定一个晶面 $(p01)$,其投影点 $p01$ 距中心 C 的距离为 n,CM 和 n 所组成的直角三角形与 CM 和 $(p01)$ 晶面所组成的直角三角形也为相似三角形,所以有：

$$n/CM = CM/(a/p) \tag{4-3}$$

其中 a/p 是晶面（$p01$）在 x 轴上的截距（当在 z 轴上截距为 1 时）。

这时把 $CM=1, a = 1/p_0$［由式（4-2）得出］代入式（4-3）就有：

$$n = pp_0 \tag{4-4}$$

这就证明了晶面（$p01$）的投影点在心射极平投影图上的坐标为 pp_0。要证明晶面（$0q1$）的投影点在心射极平投影图上的坐标为 qq_0 是类似的。

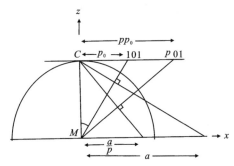

图 4-1　证明晶面（$p01$）的投影点在心射极平投影图上的坐标为 pp_0

4.2　各晶系在极格子上确定晶面符号

4.2.1　等轴晶系

等轴晶系的晶体常数为：$a=b=c, \alpha=\beta=\gamma=90°$。所以其极格子的极式要素为：$p_0=q_0=r_0=1$（一般都设定 $r_0=1$，也即投影球的半径），$\lambda=\mu=\upsilon=90°$。图 4-2 就是等轴晶系的极格子，它是一个边长等于投影球半径的正方形，图中的圆即为投影球在极平面上的投影。各种晶面投影点在这个极格子上的坐标读数就是晶面的戈氏符号，如 1 号面的戈氏符号为（11），2 号面的戈氏符号为（10），3 号面的戈氏符号为（01），4 号面的戈氏符号为（0 1/2），等等。将戈氏符号后面补上第三个晶面指数 1，就转换为米氏符号了，如 1 号面的米氏符号为（111），2 号面的米氏符号为（101），3 号面的米氏符号为（011），4 号面的米氏符号为（0 1/2 1）＝（012），等等。图 4-2 中还给出了许多其他面的米氏符号，可以看出晶面符号与极格子各格点坐标值的规律。按照这个规律，所有点都可以被指标化（即确定晶面符号）。图 4-2 中有许多极格子的结点处没有标出对应的晶面符号，读者可以根据已经标出的晶面符号的规律性自己标出来。

在心射极平投影图中,平行 z 轴的柱面是投影到无穷远处的,我们只能用一个箭头来表示。那么柱面的晶面符号怎么确定呢?如图 4-2 所示,5 号面为一个柱面,确定其晶面符号的方法为:将 5 号面的投影箭头方向延长,这根箭头线所经过的极格子上的点的坐标值为(1,1)〔当然,将这根箭头线延长,也可经过点(2,2),(3,3),等等,因为晶面符号只涉及坐标值的比值,与绝对值无关,这些点的坐标值的比值是一样的〕,所以 5 号柱面的前两个晶面指数为 1 和 1,第三个晶面指数为 0,即晶面的米氏符号为(110)。

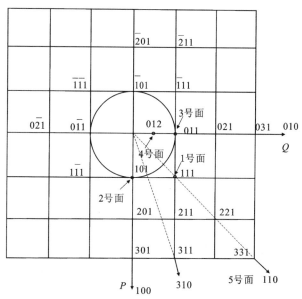

图 4-2　等轴晶系在极格子上确定晶面投影点的晶面符号

4.2.2　四方晶系

四方晶系的晶体常数为: $a = b \neq c, \alpha = \beta = \gamma = 90°$。极格子的极式要素为: $p_0 = q_0 \neq r_0 = 1$(即投影球的半径), $\lambda = \mu = \upsilon = 90°$。图 4-3 就是四方晶系的极格子,它是一个边长大于或小于投影球半径的正方形,图中的圆即为投影球在极平面上的投影。各种晶面投影点在这个极格子上的坐标读数就是晶面的戈氏符号,与图 4-2 所示的等轴晶系的情况类似,只不过极格子的形状改变了。将戈氏符号后面补 1 即为米氏符号。如图 4-3 所示:1 号面的米氏符号为(111);2 号面的米氏符号为(101);3 号面的米氏符号为(011);4 号面的米氏符号为(0 1/2 1)=(012);5 号面为一个柱面,将 5 号面的投影箭头方向延长,这根箭头线所经过的极格子上的点的坐标值为(1,1)和(2,2),所以 5 号柱面的米氏符为(110);等等。读者也可以根据晶面符号的规律性,标出极格子中其他结点的晶面符号。

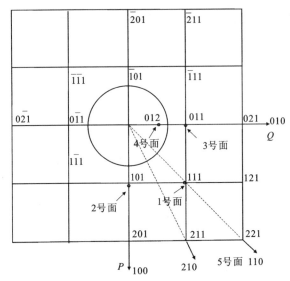

图 4-3　四方晶系在极格子上确定晶面投影点的晶面符号

4.2.3　三方和六方晶系

三方和六方晶系的晶体常数为:$a=b\neq c,\alpha=\beta=90°,\gamma=120°$。极格子的极式要素为:$p_0=q_0\neq r_0=1$(即投影球的半径),$\lambda=\mu=90°,\upsilon=60°$。图 4-4 就是三方和六方晶系的极格子,它是一个内角 60°和 120°的菱形,边长大于或小于投影球半径,图中的圆即为投影球在极平面上的投影。这样的菱形格子与前述的等轴晶系、四方晶系的格子形状不一样,但每个结点的坐标值读数的规律与等轴晶系、四方晶系是一样的。各种晶面投影点在这个极格子上的坐标读数就是晶面的戈氏符号。但是,三方和六方晶系的晶面符号常用的是四指数符号($hki\bar{l}$),其中第三个指数是可以通过 $h+k-i=0$ 计算出来的,所以,三方和六方晶系的米氏符号,在将戈氏符号后面补 1 的同时,还要补上由 $h+k-i=0$ 计算出来的第三位。如图 4-4 所示:1 号面的米氏符号为($11\bar{2}1$);2 号面的米氏符号为($10\bar{1}1$);3 号面的米氏符号为($01\bar{1}1$);4 号面的米氏符号为($0\ 1/2\ \overline{1/2}\ 1$)=($01\bar{1}2$);5 号面为一个柱面,将 5 号面的投影箭头方向延长,这根箭头线所经过的极格子上的点的坐标值为(1,2),所以 5 号柱面的前两个晶面指数为 1 和 2,第三个晶面指数为

-3，第四个晶面指数为 0，即晶面的米氏符号为 $(12\bar{3}0)$；等等。读者也可以根据晶面符号的规律性，标出极格子中其他结点的晶面符号。

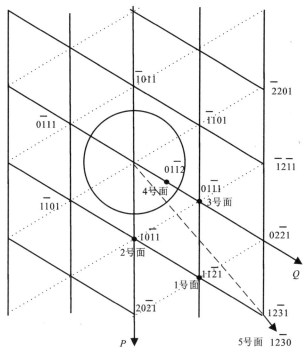

图 4-4　三方和六方晶系在极格子上确定晶面投影点的晶面符号

4.2.4　斜方晶系

斜方晶系的晶体常数为：$a \neq b \neq c, \alpha = \beta = \gamma = 90°$。极格子的极式要素为：$p_0 \neq q_0 \neq r_0 = 1$（即投影球的半径），$\lambda = \mu = \upsilon = 90°$。图 4-5 就是斜方晶系的极格子，它是一个边长大于或小于投影球半径的矩形。各种晶面投影点在这个极格子上的坐标读数就是晶面的戈氏符号，将戈氏符号后面补 1 就转换为米氏符号了。如图 4-5 所示：1 号面的米氏符号为 (111)；2 号面的米氏符号为 (101)；3 号面的米氏符号为 (011)；4 号面的米氏符号为 $(0\ 1/2\ 1) = (012)$；5 号面为一个柱面，将 5 号面的投影箭头方向延长，其延长后经过极格子上的点的坐标值为 $(1,2)$，所以 5 号柱面的米氏符号为 (120)；等等。读者也可以根据晶面符号的规律性，标出极格子中其他结点的晶面符号。

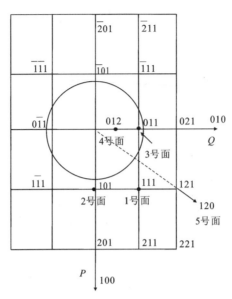

图 4-5　斜方晶系在极格子上确定晶面投影点的晶面符号

4.2.5　单斜晶系

单斜晶系的晶体常数为：$a \neq b \neq c, \alpha = \gamma = 90, \beta > 90°$。极格子的极式要素为：$p_0 \neq q_0 \neq r_0 = 1$（即投影球的半径），$\lambda = \upsilon = 90°, \mu < 90°$。这时，$R$ 轴[即 (001) 的法线]不是直立的，不与投影轴重合，R 轴与投影球的交点不在北极点，其投影点也就不在圆心上，而是从圆心沿着 P 轴往前移一段距离，这段距离用 e 来表示[e 就是 (001) 投影点在以圆心为原点的直角坐标系中正前方轴（x 轴）上的读数]。e 的大小与 (001) 的极距角 ρ_0 有关，$e = \sin\rho_0$，而 $\rho_0 = \beta - 90°$，故 $e = \sin(\beta - 90°)$。因此，单斜晶系的极格子多了一个参数 e，见表 3-2。因为极格子是要以 $r_0 = 1$ 为前提来画的，所以单斜晶系的极格子的原点就在 R 轴与投影球交点处。第 3 章的图 3-15 展示了单斜晶系的极格子，它也是一个边长大于或小于投影球半径的矩形，但极格子的原点不在圆心处。

单斜晶系的极格子所在平面不是过北极点的切面，而是过 R 轴（不是直立的，而是向前倾斜的）与投影球交点的平面，这个平面低于投影平面（即极平面）（图 4-6）。晶体测量后根据方位角与极距角将每个晶面投影在极平面，也就是说，晶面投影点在过北极点的极平面，而极格子不在极平面，那么怎么对晶面投影点进行指标化呢？这时我们需要将极格子上的极式要素（p_0、q_0、e）转化成投影平面的投影要素(p_0'、q_0'、e'),画出在投影平面上的投影格子,才能对每个晶面投影点指标化。转化的公式为:

$$p_0' = p_0 / \cos\rho_0 = p_0 / \cos(\beta - 90°) \tag{4-5}$$

$$q_0' = q_0 / \cos\rho_0 = q_0 / \cos(\beta - 90°) \tag{4-6}$$

$$e' = \tan\rho_0 = \tan(\beta - 90°) \tag{4-7}$$

式中,ρ_0 为(001)的极距角($\rho_0 = \beta - 90°$)。

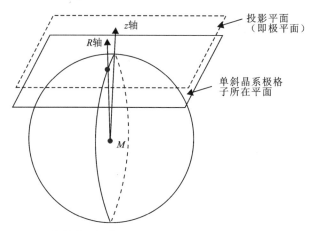

图 4-6　单斜晶系极格子所在平面与投影面(极平面)的关系

　　根据 p_0'、q_0'、e' 这些投影要素画出投影格子,就可以对投影面上每个晶面投影点进行指标化,图 4- 7 中的实线为极格子,虚线为转化成投影平面上的投影格子。各种晶面投影点在这个虚线格子上的坐标读数就是晶面的戈氏符号,将戈氏符号后面补 1 就转换为米氏符号了。如图 4-7 所示:1 号面的米氏符号为(111);2 号面的米氏符号为(101);3 号面的米氏符号为(011);4 号面的米氏符号为(0 1/2 1)=(012);等等。

　　在单斜晶系中,确定平行 z 轴的柱面的晶面符号时,需要把柱面的投影箭头线平移使之经过虚线格子的原点(注意,这个原点不在圆心),这时箭头线所经过的投影格子上的点的坐标值才是柱面的晶面符号。如图 4-7 所示:5 号面为一个柱面,将 5 号面的投影箭头方向平移,使之经过投影格子的原点,其延长后所经过的投影格子上的点的坐标值为(1,2),所以 5 号柱面的米氏符号为(120)。读者也可以根据晶面符号的规律性,标出极格子中其他结点的晶面符号。

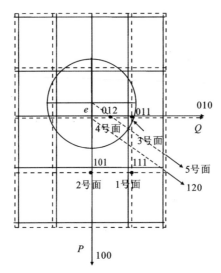

图 4-7　单斜晶系的极格子(实线)和投影格子(虚线)及确定晶面投影点的晶面符号

大多数情况下,单斜晶系的极格子与投影格子相差很小,我们也可以在极格子上大致对晶面投影点进行指标化,不需要画出投影格子。

4.2.6　三斜晶系

三斜晶系的晶体常数为:$a \neq b \neq c, \alpha \neq \beta \neq \gamma \neq 90°$。所以其极格子的极式要素为:$p_0 \neq q_0 \neq r_0 = 1$(即投影球的半径),$\lambda \neq \mu \neq \upsilon \neq 90°$。这时,$R$ 轴[即(001)的垂线]也不是直立的,不与投影轴重合,R 轴与投影球的交点不在北极点,其投影点也就不在圆心上,与单斜晶系的类似。但是,与单斜晶系不同,R 轴与投影球交点的投影点不仅要往前移一段距离,还需要再往右偏移一段距离。我们将往前移的距离定为 x_0(在单斜晶系中,$x_0 = e$),往右移的距离定为 y_0,x_0 与 y_0 就是(001)面投影点在以圆心为原点的直角坐标系中的坐标值。x_0 和 y_0 都与(001)面的方位角 φ_0 和极距角 ρ_0 有关:

$$x_0 = \sin\rho_0 \sin\varphi_0 = \sin(\beta - 90°)\sin(90° - \gamma) \tag{4-8}$$

$$y_0 = \sin\rho_0 \cos\varphi_0 = \sin(\beta - 90°)\cos(90° - \gamma) \tag{4-9}$$

式中,φ_0 是(001)的方位角($\varphi_0 = 90° - \gamma$);ρ_0 是(001)的极距角($\rho_0 = \beta - 90°$)。

所以,三斜晶系的极格子多了两个参数 x_0 与 y_0,见表 3-2。因为极格子要以 $r_0 = 1$ 为前提画出,所以三斜晶系的极格子的原点就在 R 轴与投影球交点处。第 3 章的图 3-16 展示了三斜晶系的极格子,它是一个边长大于或小于投影球半径的一般平行四边形,并且,极格子的原点不在圆心处。

与单斜晶系一样,三斜晶系的极格子所在平面也不过北极点,而是过 R 轴 (不是直立的,而是向前和向右倾斜的)与投影球交点的平面,这个平面低于投影 平面(即极平面)。我们同样也需要将极格子上的极式要素(p_0、q_0、x_0、y_0)转化成 投影平面的投影要素($p_0{'}$、$q_0{'}$、$x_0{'}$、$y_0{'}$),画出在投影平面上的投影格子,才能对 每个晶面投影点指标化。转化的公式为:

$$p_0{'} = p_0/\cos\rho_0 = p_0/\cos(\beta - 90°) \tag{4-10}$$

$$q_0{'} = q_0/\cos\rho_0 = q_0/\cos(\beta - 90°) \tag{4-11}$$

$$x_0{'} = \tan\rho_0 \sin\varphi_0 = \tan(\beta - 90°)\sin(90° - \gamma) \tag{4-12}$$

$$y_0{'} = \tan\rho_0 \cos\varphi_0 = \tan(\beta - 90°)\cos(90° - \gamma) \tag{4-13}$$

式中,φ_0 是(001)的方位角($\varphi_0 = 90° - \gamma$);ρ_0 是(001)的极距角($\rho_0 = \beta - 90°$)。

根据 $p_0{'}$、$q_0{'}$、$x_0{'}$、$y_0{'}$ 画出投影格子,就可以对投影面上每个晶面投影点进 行指标化,图 4-8 中的实线为极格子,虚线为转化成投影平面上的投影格子。各 种晶面投影点在这个虚线格子上的坐标读数就是晶面的戈氏符号,将戈氏符号 后面补上第三个晶面指数 1,就转换为米氏符号了。如图 4-8 所示:1 号面的米氏 符号为(111);2 号面的米氏符号为(101);3 号面的米氏符号为(011);4 号面的米 氏符号为(0 1/2 1)=(012);等等。

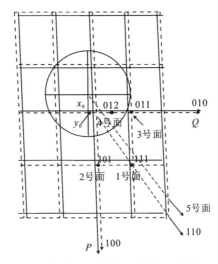

图 4-8　三斜晶系的极格子(实线)和投影 格子(虚线)及确定晶面投影点的晶面符号

与单斜晶系一样,在三斜晶系中,确定平行 z 轴的柱面的晶面符号时,需要把柱面的投影箭头线平移使之经过虚线格子的原点(注意,这个原点不在圆心),这时箭头线所经过的投影格子上的点的坐标值才是柱面的晶面符号,如图 4-8 所示:5 号面为一个柱面,将 5 号面的投影箭头方向平移,使之经过投影格子的原点,其延长后所经过的投影格子上的点的坐标值为(1,1),所以 5 号柱面的晶面米氏符号为(110)。读者也可以根据晶面符号的规律性,标出极格子中其他结点的晶面符号。

第 5 章　晶体形态立体图绘制

5.1　晶体形态立体图绘制方法简介

晶体测量得出了各晶面的方位角与极距角,据此进行晶体的投影,然后在投影图上可以确定晶面符号。最后据晶体形态的数据画出晶体形态的立体图,就能形象直观地展示晶体形态特征。

一旦涉及晶体形态,大多数人想到的都是理想形态。晶体理想形态可以通过很多方法画出来,其原理是通过晶体三个晶轴(x、y、z 轴)轴单位的相对长度和各晶面在三个晶轴上的截距大小,计算出各晶面的空间位置,再设计一些具体的作图方法。基于这样的原理有许多晶体作图的软件被开发出来,如常用的绘制晶体形态立体图的 Shape 软件。Shape 软件是由美国 E. Dowty 1986 年开发的,只要输入晶体的晶胞参数(或晶体常数),再输入对称型和单形符号,就可以自动生成晶体形态立体图。此外,可以通过任意调整晶面与晶体中心的相对距离,来生成各种不同晶体形态。但是,几乎所有的绘制晶体形态立体图的软件都是针对晶体的理想形态而言的,因为软件的原理大多是根据晶体的对称性,由对称操作复制同一单形的不同晶面,生成晶体的理想形态。

本书要介绍的是一种传统的基于心射极平投影图绘制晶体实际形态(歪晶)的方法,也就是将实测晶体的形态的立体图画出来。晶体实际形态(歪晶)与理想形态的区别是:属于同一单形的晶面不一定同形等大。所以,画实际晶体形态时不能根据晶体的对称将一个单形的所有晶面复制出来,而是要根据实际情况把每个不同大小的晶面一个一个画出来,这就导致画晶体实际形态的软件不易开发。1990 年由王文魁及其研究生开发了一种基于心射极平投影绘制晶体实际形态的软件,但没有得到普及。

所有的晶体形态图都是投影图(或称透视图)。所谓立体图,就是在作图平面上展示的有立体感的晶体形态投影图,这就要求选择一种投影方法。通常的投影方法:将目测点(观察者的视点)设于晶体正前方的无穷远处,同时使目测点略抬高一个角度(或使晶体向下倾斜一个角度),并使晶体自右向左旋转一个角度,这样的目测点作出的投影图就有立体感。如果是晶体向下倾斜一个角度,称正投影图,此时投影线垂直纸面,直立轴(一般都是指 z 轴)的长度会变短一点;如果是目测点抬高一个角度,称斜投影图,此时投影线不垂直纸面,直立轴(一般都是指 z 轴)的长度保持不变。一般所说的立体图是指斜投影图。

作晶体立体图的方法有下列三种:①晶轴架作图法,此法只能作理想图,许多晶体形态作图软件是根据此法设计而成;②根据晶体的极射赤平投影图画出立体图,此法能作理想图也能作实际图;③根据晶体的心射极平投影图画出立体图,此法能作理想图也能作实际图。

本书主要介绍的是上述第三种方法,该方法是由 V. Goldschmidt 发明的,它能作出非常精确的晶体斜投影图。这种方法虽然需要手动绘制,但其绘制方法并不复杂,而且这种绘制方法的思路也很巧妙。

5.2　基于心射极平投影图绘制晶体实际形态立体图

5.2.1　顶观图的绘制及修正

要画出晶体的实际形态图,必须先根据实际晶体形态上各晶面相对大小画出晶体的顶观图,这样才能大致确定各晶面实际大小。所谓顶观图,就是从晶体顶部向下投影得到的投影图。首先画顶观图的草图,在这个草图中将各晶棱的相对位置、相对长短尽量准确地表达出来,但不一定非常精确,如图 5-1a 是一个微斜长石的顶观图。然后将这个草图放到心射极平投影图上去修正,修正的目的是要利用心射极平投影图上的晶带严格地限制顶观图草图上晶棱的方向,因为在心射极平投影图上晶带表现为直线,这个晶带上所有晶面的交棱都应该垂直这个晶带的直线。例如,图 5-1a 中 7 号与 8 号晶面的交棱就应该垂直心射极平投影图上 7 号与 8 号晶面投影点的连线(这个连线就是 7 号与 8 号晶面所在的晶带);同样,7 号与 10 号晶面的交棱就应该垂直心射极平投影图上 7 号与 10 号晶面投影点的连线(这个连线就是 7 号与 10 号晶面所在的晶带)(图 5-1b)。顶观图周边的线条是柱面(平行 z 轴的)的投影,柱面的投影线的修正是将这些线都垂直心射极平投影图上柱面投影的箭头方向,如图 5-1b 中 2 号晶面(柱面)垂直于 2 号晶面投影的箭头方向。如图 5-1b 所示,将所有草图上的晶棱都按照这个方法修正后就形成了严格的顶观图。

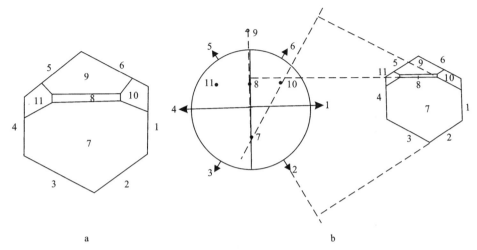

图 5-1　微斜长石晶体的顶观草图及修正图

5.2.2　选择立体图的作图平面——确定导线和角点

立体图的作图平面就是在纸面上表达晶体立体图的斜投影图的那个平面。前已述及,斜投影图的投影方向是:目测点(观察者的视点)抬高一个角度,并使晶体自右向左旋转一个角度。根据这个方向确定的作图平面平行于晶体 z 轴,与晶体的 x、y 轴斜交,但具体斜交的角度与"晶体自右向左旋转的角度"有关,一般是从心射极平投影图上晶体的正前方位置顺时针旋转 20° 左右。因此,这个作图平面在心射极平投影图上是一根直线,其方向是从心射极平投影网的水平直径逆时针旋转 20° 左右(相当于将晶体从心射极平投影图上的正前方向顺时针旋转 20° 左右)。此外,还要考虑"目测点(观察者的视点)抬高一个角度",这个角度一般是 10° 左右,这个角度将决定作图平面在心射极平投影图上的位置。具体确定晶体立体图的斜投影图在心射极平投影图上的方向和位置是有一套几何作图方法的,它在《晶体的测量》(北京地质学院矿物教研室,1963)与《晶体测量学简明教程》(王文魁和彭志忠,1992)中都有介绍,在此不做详细介绍。我们重点需要掌握的是,这个作图平面在心射极平投影图上用"导线"来表示,导线与心射极平投影网上水平直径的角度与"晶体自右向左旋转的角度"有关,而导线的位置由"角点"来确定,角点的位置与"目测点(观察者的视点)抬高一个角度"有关。导线和角点在心射极平投影图上的具体方向与位置在所使用的心射极平投影网上都已经确定,如图 5-2 所示,作图者只需利用已设计好的投影网进行投影和作图,不需要自己设计导线和角点。

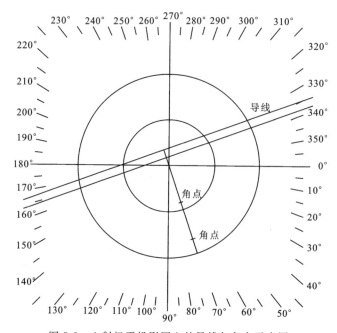

图 5-2　心射极平投影网上的导线与角点示意图

（给出了两套导线与角点，分别对应实际半径为 10cm 和 5cm 的两个基圆，供作图者使用）

因为导线和角点与作图平面及晶体的相对方向有关，所以如果要改变作图平面及晶体的相对方向，就可以通过改变导线和角点在心射极平投影网上的方向与位置来实现。

例如，如果在晶体形态上某个晶面在所画出的立体图上表现不太清楚而作图者又特别需要将该晶面表达清楚，这时可以把角点设置在该晶面的投影点附近，这样该晶面就在画出的立体图上的正前方，就会表达得很清楚。当然，角点的位置与导线的位置是配套的，角点位置改变，导线也要相应改变。由角点确定导线的方法如下：如图 5-3 所示，将角点

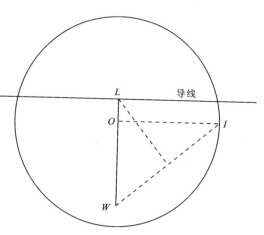

图 5-3　由角点确定导线的方法

W 与投影中心 O 作连线,通过 O 作 OW 的垂线 OI 交基圆于 I 点,连接 WI,作 WI 的垂直平分线,交于 OW 的延长线于 L 点,通过 L 作 OW 的垂线,此垂线即是所求的导线。

再例如,某个晶面的投影点落在导线上,则这个晶面在立体图上表达不出来,如果想要在立体图上表达该晶面,可以改变导线方向或位置,使导线离开这个晶面的投影点。改变了导线后也要因此改变角点的位置,这时可以根据图 5-3 及上述由角点确定导线的方法的反过程,来确定角点的位置。

设计导线和角点的意义是:将顶观图(沿晶体 z 轴的投影图)转变为沿角点所代表的目测点进行投影的、在导线所代表的作图平面上的斜投影图,这个转变有一套严谨且繁杂的几何原理,在此不详述。在这套严谨且繁杂的几何原理下所形成的具体作图步骤却并不复杂,下面将介绍具体作图步骤。

5.2.3　画立体图的步骤

根据心射极平投影法画晶体的立体图,即从两个晶面的心射极平投影点找出它们的交棱,这根交棱已经垂直它们的晶带线投影在顶观图上,现在要将这根晶棱转移到上述作图平面的立体图上。

将晶体各晶棱转移到作图平面上,要解决两个问题:①晶棱的方向;②晶棱的长度界限。解决了这两个问题,晶体在作图平面上的斜投影立体图就画好了。作图的具体步骤如下(以图 5-1 中的微斜长石晶体为例)。

(1)从晶体的顶观图上所有的晶棱交点作导线的垂线,这些垂线将决定晶体立体图上各晶棱的长度界限(图 5-4)。

(2)将顶观图上每一根晶棱转移到立体图上,做法为:将两个晶面的心射极平投影点作连线(如图 5-4 中 7 号面与 8 号面的连线 L),此连线是这两个晶面的晶带线,此连线与导线有个交点,将这个交点与角点作连线(如图 5-4 中的 M 线),再作这个连线的垂线,这根垂线就是这两个晶面交棱在立体图上的方向(如图 5-4 中标注 7-8 的点线);将这根线平移到在顶观图上这两个晶面交棱所对应的垂直导线的虚线范围内,就画出了这根晶棱在立体图上的位置。

(3)画完某两个晶面的交棱(晶棱),就要接着画与这根晶棱相连接的其他晶棱,如图 5-4 还画出了 7 号面与 10 号面的晶棱,画法与 7 号面与 8 号面一样。

(4)柱面与端面的交棱画法:将柱面投影箭头方向平移过端面的投影点,这根平移的线与导线相交,如图 5-4 中的 1 号面箭头平移与导线相交的线是 S 线,将导线上的交点与角点做连线(如图 5-4 中的 T 线),再作这个连线的垂线,这根垂线就是这个柱面与端面交棱在立体图上的方向（如图 5-4 中标注 7-1 的点线）；将这根线平移到在顶观图上这两个晶面交棱所对应的垂直导线的虚线范围内，就画出了这根晶棱在立体图上的位置。

（5）晶体柱面与柱面的交棱在顶观图上是最外围的线与线之间的交点，柱面与柱面的交棱在立体图上就是垂直导线的线条，从顶观图上最外围的线与线之间的交点画导线的垂线，即是柱面交棱在立体图上的方向与位置，如图 5-4 中标注 1-2、1-6 的线就是柱面与柱面在立体图中的交棱。

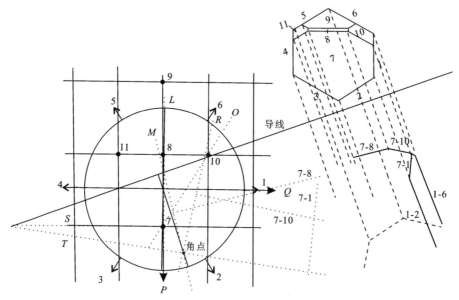

图 5-4　将顶观图上的晶棱转变为立体图上的晶棱

（以微斜长石晶体为例）

将顶观图上所有晶棱都按照上述方法转移到立体图上，立体图就画好了，见图 5-5。在立体图中，凡是在晶体后面的晶棱用虚线表示。在心射极平投影图上，凡是晶面投影点在导线下面的，这些晶面就在晶体前面；反之，晶面投影点在导线上面的，这些晶面就在晶体的后面。

上述作图步骤只涉及晶体上端的晶面和晶棱，如果晶体在下端也有晶面，画法是类似的。首先也是要作出下端晶面的顶观图，然后按照上述方法将顶观图上的晶棱转移到立体图上。需要注意的是，下端晶面的投影点在与它平行的上端晶面的投影点处。

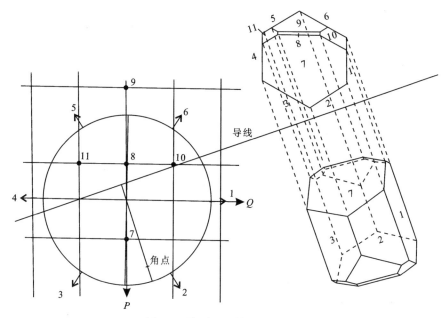

图 5-5　将顶观图转变为立体图

（以微斜长石晶体为例，下端的晶面是根据晶体的中心对称推测出来的）

第6章　晶体形态测量实例

前面章节已系统介绍了晶体测量和投影、晶面符号确定、立体图绘制的过程,本章将从每个晶系(因三方晶系与六方晶系类似,本章未介绍三方晶系)中选择一种代表性晶体进行实测过程与画图过程的详细介绍。每种晶体所具有的特殊情况不同,在测量与画图过程中也会遇到不同情况,需灵活处理。

6.1　等轴晶系——香花石

香花石是 1958 年我国发现的第一个新矿物,产地为湖南临武香花岭,以产地命名。香花石产于湖南泥盆系灰岩与花岗岩接触带的含铍绿色和白色条纹变质岩中。晶体以细小粒状产出,粒径一般在 1~2mm,形如鱼卵,白色或浅黄色,透明,玻璃光泽。化学式为 $Ca_3Li_2[BeSiO_4]_3F_2$,属于架状铍硅酸盐矿物,等轴晶系,$I\,2_13$,$a_0=1.288nm$。香花石晶体的形态特别复杂,呈浑圆状发育的晶面很多,每个晶面很小(图 6-1)。其中发育三角三四面体等复杂单形,且出现了许多单形的正形与负形、左形与右形,这些单形在其他矿物种很罕见,因此香花石的晶体形态具有结晶学理论意义。

因为香花石晶体很小,发育晶面很多,又是粒状,近球形,所以很难找出它的 z 轴(或 x 轴,或 y 轴)来定向。但是,香花石常发育有立方体、菱形十二面体、四面体(正-负形)和三角三四面体(正-负形)是已知的。因此,首先将这些单形的极射赤平投影图画出来,如图 6-2(图中虚线为等轴晶系对称面的投影,用来控制各单形晶面投影点的位置)所示。然后将香花石晶体上某个较大的晶面假定为(001)面,垂直这个较大的晶面为 z 轴。最后将晶体的 z 轴与测角仪上的 A1 轴平行就可以了。

以上述方法假定 z 轴定向后进行测量,得出每个面的直立圈读数和水平圈读数,用直立圈读数和水平圈读数在吴氏网进行初步投影,即以直立圈读数为方位角,以 180°减水平圈读数为极距角,得到的极射赤平投影图如图 6-3 所示。在图 6-3 中有两个香花石晶体:晶体 A 和晶体 B。其中晶体 A 的极射赤平投影点与图 6-2 中那些已知单形的投影点可以很好地对应起来(只需旋转一定角度),说明晶体 A 所假定的(001)面是正确的;而晶体 B 的极射赤平投影点与图 6-2 中那

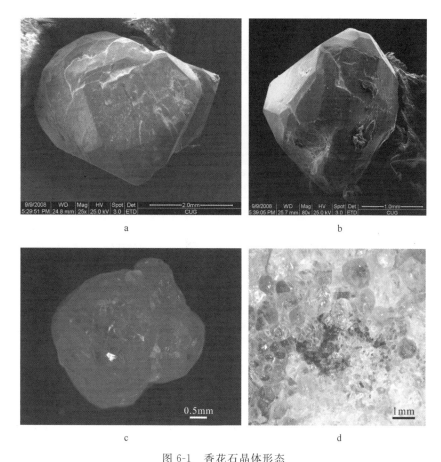

图 6-1　香花石晶体形态

a. 香花石晶体 A 的扫描电子图；b. 香花石晶体 B 的扫描电子图；

c. 香花石晶体的双目镜下照片；d. 香花石在岩石中呈浑圆状颗粒

些已知单形的投影点对应不上,说明晶体 B 假定的(001)晶面是错误的。这时,在极射赤平投影图中找另外一个晶面为假定的(001),将这个晶面投影点通过吴氏网的旋转功能旋转到圆心,其他晶面也随之进行相应的旋转[具体的旋转方法参见《结晶学及矿物学》(赵珊茸,2017),第二章的"本章拓展,延伸知识"],这样就得到了一个重新定向后的极射赤平投影图。在这个重新定向后的投影图上观察晶面分布规律,能不能与图 6-2 对应,如果能对应,就说明假定的(001)面是对的,否则就不对,还要重复上述的工作,直到找对(001)面为止。这个过程只是需要不断地旋转极射赤平投影图,并不需要重新安装、测量晶体。对于晶体 B,我们反复假定各种晶面为(001)，反复地在吴氏网上旋转，直到假定 17 号面为(001)时，才得到与图 6-2 对应起来的投影图，说明 17 号面是(001)。这时我们以 17 号面的法线平行投影轴 A1 来安装晶体，重新测量。

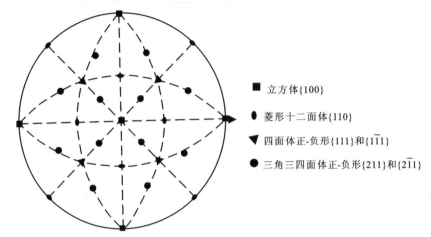

图 6-2　香花石立方体、菱形十二面体、四面体(正形和负形)、
三角三四面体(正形和负形)的极射赤平投影图

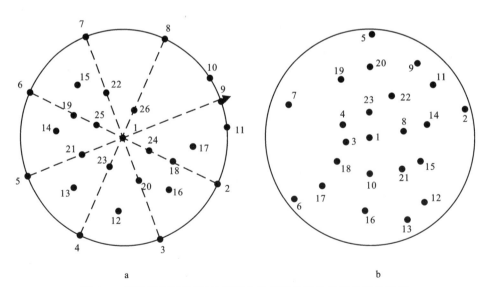

图 6-3　假定某个面是(001)的两个香花石晶体的极射赤平投影图

a.晶体 A；b.晶体 B

当然,也可以不用在极射赤平投影图上找正确的(001),直接在心射极平投影图上找正确的(001)。如果假定的(001)是正确的,在心射极平投影图上其他晶面围绕这个假定的(001)面是呈四方对称的;如果不是呈四方对称的,假定的(001)则是错误的。这时,就要重新假定另外一个面为(001),以这个新假定的(001)重新定向后重新测量,以此类推,直到选对(001)。该过程需要反复将晶体取下来,重新安装。而上述的在极射赤平投影图上找(001)面只需要反复在吴氏网上旋转,并不需要将晶体取下来再安装。

通过上述找(001)的过程找到(001)后,也即找到了 z 轴,接下来就可将 z 轴平行测角仪的 A1 轴进行安装、测量了。但是,还需要找到 x 轴和 y 轴。对于晶体 A,在极射赤平投影图上就可以找 x 轴和 y 轴。因为从晶体 A 的极射赤平投影图来看(图 6-3a),只要将晶体顺时针旋转 34°,把 9 号晶面旋转到方位角＝0°的位置,所有晶面投影点都对称分布了,也即与图 6-2 中各单形投影点对应了,所以可以把 9 号面定为(010),其法线就是 y 轴,自然地,3 号面就是(100)面,其法线就是 x 轴。基于这个定向,就可以将所有晶面的方位角计算出来,即:方位角＝直立圈读数－(010)面的直立圈读数。在这里,9 号面的直立圈读数 325°也就是－35°,所以方位角＝直立圈读数＋35°。表 6-1 是香花石晶体 A 的测量数据,其中前面两列数据为测量时记录的直立圈和水平圈读数(图 6-3a 就是以这个表中直立圈读数为方位角,以 180°减水平圈读数为极距角进行极射赤平投影得到),后面两列数据为定向后(即确定 y 轴后)的方位角与极距角。表 6-1 中省略了表 2-1 中的晶面形状和信号形状两个栏目,且将信号亮度和清晰度简略为信号质量(后文中其他晶体测量的数据表格亦如此)。

表 6-1　香花石晶体 A 的测量数据

晶面编号	信号质量	直立圈读数 v(°)	水平圈读数 h(°)	方位角 $\varphi = v - v_0$(°)	极距角 $\rho = h_0 - h$(°)
1	5	—	180	—	0
2	5	10	90	45	90
3	3	56	90	91	90
4	3	98	90	133	90
5	1	145	90	180	90
6	3	190	90	225	90

续表 6-1

晶面编号	信号质量	直立圈读数 $v(°)$	水平圈读数 $h(°)$	方位角 $\varphi = v - v_0(°)$	极距角 $\rho = h_0 - h(°)$
7	3	236	90	271	90
8	2	281	90	316	90
9	5	325	90	0	90
10	1	314	90	349	90
11	1	343	90	18	90
12	5	81	114	116	66
13	5	118	114	153	66
14	4	172	114	207	66
15	5	209	114	244	66
16	5	28	114	63	66
17	1	348	114	23	66
18	4	10	126	45	54
19	4	190	126	225	54
20	5	56	135	91	45
21	4	146	135	181	45
22	3	235	136	269	44
23	5	100	145	135	35
24	5	10	145	45	35
25	5	190	145	225	35
26	3	281	145	316	35

注：$v_0 = -35°, h_0 = 180°$。

得到方位角和极距角后，就可以进行心射极平投影，并在投影图上确定晶面符号了。因为香花石是等轴晶系的，所以 $a_0 = b_0 = c_0$，导致 $p_0 = q_0 = r_0 = 1$（即投影球半径）。因此极格子就是以投影球半径为单位的正方形。图 6-4 左边是香花石晶体 A 的心射极平投影与极格子，在这个格子上很容易对每个晶面进行指标化，即确定晶面符号。晶面投影点在极格子上的 P 轴和 Q 轴的坐标值就是晶面符号的前两位，第三位为 1。如第 18 号晶面为(111)，第 24 号晶面为(1/2 1/2 1)＝(112)，等等。

作图。先在显微镜下手动画出沿 z 轴往下看的顶观图草图,然后将顶观图的每条晶棱按照第 5 章 5.2.1 中的方法进行修正,就得到了常规方位与晶棱相对大小的顶观图,如图 6-4 右上角的图。从顶观图上每个交点做导线的垂线,再按照第 5 章第 5.2.3 节的方法把顶观图上的每条晶棱转移到下面的立体图上,如图 6-4 右下角的图(在立体图中,背面的晶棱用虚线表达。因香花石形态复杂,此处未根据对称规律推测画出下半球的晶面,背面晶面的编号未给出)。

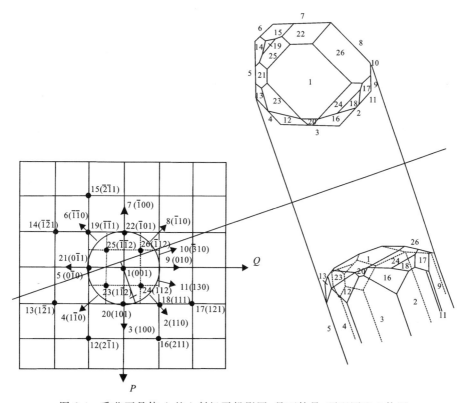

图 6-4　香花石晶体 A 的心射极平投影图、晶面符号、顶观图和立体图

根据香花石的对称型(点群)23 来对晶体 A 上各种晶面所属单形进行归纳分类:

1(001)、3(100)、5(0$\bar{1}$0)、7($\bar{1}$00)、9(010)属于立方体{100};

2(110)、4(1$\bar{1}$0)、6($\bar{1}$$\bar{1}$0)、8($\bar{1}$10)、20(101)、21(0$\bar{1}$1)、22($\bar{1}$01)属于菱形十二面体{110};

18(111)、19($\bar{1}\bar{1}1$)属于四面体正形{111};

16(211)、17(121)、24(112)、15($\bar{2}11$)、25($\bar{1}\bar{1}2$)、14($\bar{1}2\bar{1}$)属于三角三四面体正形{211},12($2\bar{1}1$)、13($1\bar{2}1$)、23($11\bar{2}$)、26($\bar{1}12$)属于三角三四面体负形{$2\bar{1}1$};

10($\bar{3}10$)、11(130)属于五角十二面体{310}。

在晶体 A 上一共出现了 5 种单形,其中三角三四面体出现了正形与负形。

对于香花石晶体 B,需要将第 17 号面定为(001)面后重新安装晶体,重新测量。香花石晶体 B 的投影、定晶面符号和画图与晶体 A 是类似的,在此不再详叙。图 6-5 是香花石晶体 B 的心射极平投影图、晶面符号、顶观图和立体图(在立体图中,背面的晶棱用虚线表达。因香花石形态复杂,此处未根据对称规律推测画出下半球的晶面,背面晶面的编号未给出)。在图 6-5 中,晶面已经进行重新编号,与图 6-3 中晶体 B 的晶面编号不同。

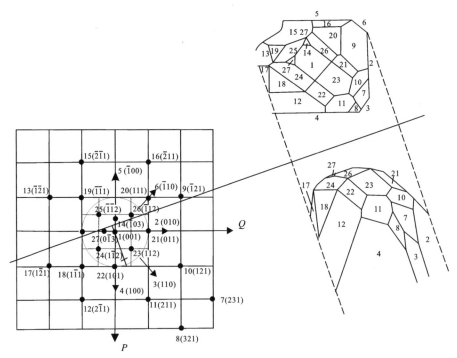

图 6-5　香花石晶体 B 的心射极平投影图、晶面符号、顶观图和立体图

根据香花石的对称型(点群)23 来对晶体 B 上各种晶面所属单形进行归纳分类:

1(001)、2(010)、4(100)、5($\bar{1}$00)属于立方体{100}；

3(110)、6($\bar{1}$10)、21(011)、22(101)属于菱形十二面体{110}；

19($\bar{1}\bar{1}$1)属于四面体正形{111}，18(1$\bar{1}$1)、20($\bar{1}$11)属于四面体负形{111}；

10(121)、11(221)、23(112)、13($\bar{1}$21)、15($\bar{2}$11)、25($\bar{1}\bar{1}$2)属于三角三四面体正形{211}，12(2$\bar{1}$1)、17(1$\bar{2}$1)、24(11$\bar{2}$)、16($\bar{2}$11)、9($\bar{1}$21)、26($\bar{1}$12)属于三角三四面体负形{2$\bar{1}$1}；

14($\bar{1}$03)属于五角十二面体右形{310}，27(0$\bar{1}$3)属于五角十二面体左形{130}(或{301})；

7(231)属于五角三四面体正形的右形{231}，8(321)属于五角三四面体正形的左形{321}。

与香花石晶体 A 不同的是，晶体 B 上出现了四面体负形{1$\bar{1}$1}，五角十二面体的左形{130}(或{301})和右形{310}，五角三四面体正形的左形{321}和五角三四面体正形的右形{231}。

上述香花石晶体 A 和晶体 B 的形态上所出现的单形，在彭志忠等(1964)首次发表的《香花石的晶体形态》上都有报道，但彭志忠等所测的香花石上还出现了许多更复杂的单形，如五角十二面体{510}，三角三四面体{311}、{322}，四角三四面体{332}、{221}等，本书所测的香花石上没有出现。

对于香花石上出现的正-负形、左-右形，很多读者可能并不熟悉，下面将给出一些介绍。为什么把香花石上出现的两个五角十二面体{310}和{130}(或{301})定为左-右形的关系而不是正-负形的关系呢？在一般的教科书上(如赵珊茸，2017)，五角十二面体{hk0}与{kh0}(或{h0k})是被描述为正-负形关系的。在彭志忠等(1964)的文章中却把五角十二面体{310}和{130}定为左-右形的关系，但没有说明理由，只是说五角十二面体的晶面上有斜条纹，以此说明香花石没有对称面，因而确定的对称型(点群)是 23。该文章中虽然注明了两个五角十二面体的晶面上都有斜条纹，但并没有以此来说明五角十二面体是左-右形关系。本书对此补充说明：五角十二面体的正-负形与五角十二面体的左-右形在宏观上是一样的，怎么区分它们是正-负形的关系，还是左-右形的关系呢？因为在香花石的五角十二面体的晶面上有斜条纹，在同一个香花石晶体上发育的两个五角十二面体晶面上都有斜条纹且以{110}呈反映对称的关系(等轴晶系的左形和右形是以{110}为对称面的关系),所以判断这两个五角十二面体是左-右形的关系。如果是正-负形的关系,这两个五角十二面体的晶面花纹应该是不一样的,更不可能是反映对称的关系(赵珊茸等,2007;赵珊茸,2017)。此外,香花石还出现了五角三四面体正形的左形{321},五角三四面体正形的右形{231},这些名词概念就更复杂了,彭志忠等(1964)也提出有正形的右形、正形的左形、负形的右形、负形的左形这样的标志,但没具体说明。本书对此补充说明:等轴晶系的正形与负形是旋转90°的关系,正形与负形是相对的,当在一个晶体形态上同时出现两个同种单形时,一个是正形,另一个就是负形。至于哪个是正形,哪个是负形,与定向有关,而定向又是根据约定俗成的原则。例如在闪锌矿晶体上有两个四面体,根据前人的定向习惯(即约定俗成的原则)定好向后,一个四面体的代表晶面在第1象限,单形符号为{111},就定它是正形,另一个四面体的代表晶面在第2象限,单形符号为{$\bar{1}11$},就定它是负形。闪锌矿的四面体正形与负形晶面花纹不同,可以根据晶面花纹来识别正形和负形。但是,对于香花石来说,没有人报道过三角三四面体晶面上的花纹,只能是根据两个三角三四面体的相对位置,定一个是正形,另一个就是负形。在本书所测的香花石晶体B上,把五角三四面体的晶面投影点出现在坐标系第1和第3象限的定为正形。因此,把出现在第2和第4象限的定为负形。而在第1象限里还出现了以{110}为对称面关系的两个五角三四面体的晶面——7号面和8号面(图6-5左边的投影图),这两个面就是左-右形关系,它们出现在第1象限,所以定为正形。因此,就有了正形的左形和正形的右形这样的名词了。至于为什么左形是{321},右形是{231},是按照教科书上对等轴晶系的左形与右形的规定来定的(赵珊茸等,2017)。那么,五角十二面体的左形和右形就根据五角三四面体的左形和右形来规定了。因为等轴晶系的左形与右形的关系是以{110}为反映对称关系,所以与右形{231}在同一边的五角十二面体{310}就定为右形,另一个五角十二面体{130}就定为左形。

左形与右形的关系是具有对称面的关系,这种对称关系不仅仅是针对晶面花纹,也是针对内部结构的,因此,具有左形的晶体与具有右形的晶体在内部结构上也是具有对称面的关系。左形与右形因为内部结构不同,所以不能同时出现在同一个单晶体上(赵珊茸等,2007;Zhao等,2012)。在香花石晶体B上,有左-右形同时发育,就说明这个香花石不是一个单晶体而是双晶了。对于香花石 Zhao 等(2012)做了电子背散射衍射(EBSD)证实了这个双晶的存在。但是,双晶并不是一定会出现左-右形,有些没有左-右形的晶体也可能是双晶。关于这一点,常见的石英就是很好的例子。石英发育菱面体正形$\{10\bar{1}1\}$和菱面体负形$\{01\bar{1}1\}$,还发育三方偏方面体右形$\{51\bar{6}1\}$和三方偏方面体左形$\{6\bar{1}51\}$。如果在晶体上同时出现了三方偏方面体右形和左形,它一定是巴西双晶;但有些巴西双晶并没有发育三方偏方面体右形和左形。

我国的结晶学及矿物学教科书上对正-负形、左-右形、正左-正右形、负左-负右形的概念没有太多介绍,并且对这些复杂的形态概念在实际晶体上如何体现更是缺乏解释。香花石晶体上出现了这些正-负形、左-右形、正左-正右形、负左-负右形的具体现象,并且比石英的正-负形、左-右形更复杂,因此,香花石为我们认识这些形态提供很好的矿物晶体实例。因此香花石的晶体形态具有重要的结晶学理论意义。

用 Shape 7.1 软件画出香花石晶体 A 和晶体 B 所发育单形的理想晶体形态(图 6-7)。因为晶体 B 同时发育左形与右形,理论上它应该是一个双晶,图 6-6 中用虚线画出了晶体 B 双晶面$\{110\}$所在的位置。

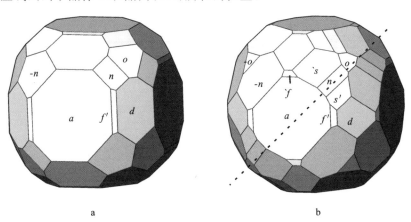

a　　　　　　　　　　　　b

图 6-6　所测香花石的理想晶体形态

a.晶体 A;b 晶体 B

立方体 $a\{100\}$;菱形十二面体 $d\{110\}$;四面体正形 $o\{111\}$,四面体负形 $-o\{1\bar{1}1\}$;

三角三四面体正形 $n\{211\}$,三角三四面体负形 $-n\{2\bar{1}1\}$;五角十二面体右形 $f'\{310\}$,

五角十二面体左形 `$f\{301\}$;三角三四面体正形的右形 $s'\{231\}$,三角三四面体正形的左形 `$s\{321\}$

6.2 四方晶系——锆石

锆石是地球科学中常用来测年的矿物,常以副矿物的形式产于各种岩浆岩中。锆石化学式为 $Zr[SiO_4]$,属于岛状硅酸盐矿物,四方晶系,$I 4_1/amd$,$a_0 = 0.662nm$,$c_0 = 0.602nm$。锆石形态具有标型性,产于酸性岩中为柱状,四方柱很发育,产于碱性岩中为粒状或板状,四方双锥很发育,但四方柱不太发育。

本书所测的锆石晶体产于福建魁岐碱性花岗岩的晶洞中,呈粒状,晶体形态不完整,四方双锥很发育,四方柱只有一个小面。因为四方双锥很发育,所以很容易找到 z 轴。在把晶体安装到测角仪上时,因为只有一个柱面,所以不能根据柱面定向,而要根据四个锥面定向。锆石常发育的锥面是四方双锥(101),所以四方双锥的各锥面极距角为 arctan $c_0/a_0 = 42.27° \approx 42°$,将水平圈调至 138°(180°－42°),然后调测角头的两个瓦板,使所有锥面的反射信号在旋转直立圈时都经过十字丝中心,这样就表示晶体的 z 轴与 A1 轴平行了。表 6-2 是锆石晶体测量数据。从表中的直立圈与水平圈读数的规律性也很容易找到 x 轴或 y 轴。在表 6-2 中是以 1 号面为(100)进行定向的。

表 6-2 锆石晶体测量数据

晶面编号	信号质量	直立圈读数 $v(°)$	水平圈读数 $h(°)$	方位角 $\varphi = v - v_0(°)$	极距角 $\rho = h_0 - h(°)$
1	4	102	90	90	90
2	3	102	109	90	71
3	3	104	250	92	－70
4	5	102	138	90	42
5	5	192	137	180	43
6	5	283	138	271	42
7	5	14	138	2	42
8	2	120	116	108	64
9	2	167	117	155	63

注:$v_0 = 12°$,$h_0 = 180°$。

因为所测晶体是已知矿物,所发育的锥面的晶面符号也是已知的,所以在按照锥面来定向时,就可以按照锥面的已知极距角来进行。如果是未知矿物,或者是已知矿物但不知道锥面的晶面符号,就不知道锥面的极距角,这时要按照锥面来定向时就有点困难,因此需要假定锥面的极距角,反复调测角头的两个瓦板,同时还要调水平圈,来找到锥面的极距角。

图 6-7 是锆石的心射极平投影图、顶观图和立体图。图中的极格子,$p_0 = q_0 = c_0/a_0 = 0.602/0.662 = 0.909$[因为 $p_0 = q_0 = 1/a$,$a/r = a_0/c_0$,$r = 1$(球半径)]。在极格子上确定每个晶面的晶面符号,并标在各晶面投影点旁边。在立体图中,背面晶面及其编号未给出,下端的晶面是根据对称关系推测出来的。

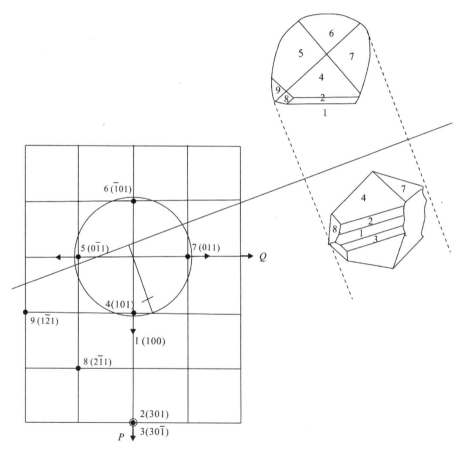

图 6-7　锆石晶体的心射极平投影图、晶面符号、顶观图和立体图

55

虽然图 6-7 中锆石晶体图只是一个不完整的晶体图,但是可以看出该锆石发育的单形有四方柱{100}、四方双锥{101}、四方双锥{301}、复四方双锥{211}。这些单形都是锆石常见的单形。用 Shape 7.1 软件画出该锆石完整的理想晶体形态图,见图 6-8。

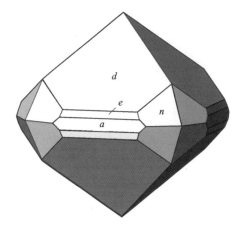

图 6-8　所测锆石的理想晶体形态

四方柱 a\{100\};四方双锥 d\{101\},e\{301\};复四方双锥 n\{211\}

6.3　六方晶系——绿柱石

绿柱石形态一般发育较好,可以是六方柱状的,也可以是六方板状的。颜色好、晶莹剔透的绿柱石晶体可以做宝石,如翠绿色的祖母绿、浅蓝色的海蓝宝石。绿柱石大多产于伟晶岩、热液期。绿柱石化学式为 $Be_3 Al_2 [Si_6 O_{18}]$,属于环状硅酸盐矿物,六方晶系,$P\ 6/mcc$,$a_0 = 0.921nm$,$c_0 = 0.917nm$。

本书所测的绿柱石晶体产于四川平武,呈板状,宽 1.5mm,厚 0.5mm,晶体形态不完整(图 6-9)。晶体形态上{0001}面很大,所以很容易确定 z 轴。此外还有两个明显的六方柱面,因此也很容易确定 x 轴和 y 轴。绿柱石形态上常发育六方柱,如果只是一个六方柱,则是{10$\bar{1}$0},如果发育两个六方柱,则大的柱面是{10$\bar{1}$0},小的柱面是{11$\bar{2}$0}(赵珊茸等,2017)。本书测量的晶体上只发育一个六方柱,所以定为{10$\bar{1}$0},因此可以将一个柱面的方位角定为 90°[即定为(10$\bar{1}$0)面],另一个柱面的方位角就是 30°。只要柱面的方位角确定了,x 轴和 y 轴就确定了。表 6-3 为绿柱石晶体测量数据,表中是以 2 号面方位角定为 90°来确定其他晶面的方位角。极距角是 180°减水平圈读数。

图 6-9　绿柱石晶体(双目镜下,产于四川平武)

表 6-3　绿柱石晶体测量数据

晶面 编号	信号 质量	直立圈 读数 $v(°)$	水平圈 读数 $h(°)$	方位角 $\varphi = v - v_0(°)$	极距角 $\rho = h_0 - h(°)$
1	5	—	180	—	0
2	5	6	90	90	90
3	3	306	91	30	89
4	5	336	136	60	44
5	5	6	151	90	29
6	5	306	136	30	44
7	5	341	138	65	42
8	2	329	131	53	49

注:$v_0 = -84°$,$h_0 = 180°$。

在测量绿柱石时,因为晶体太大,在测角仪上将晶体中心居中后,某些晶面偏离中心太远,不容易找到反光信号,需要不断调整测角头上的平板,将晶面平移。具体测量方法如下:首先用肉眼观察的方法将晶体的顶面(0001)近于平行测角头的晶托平面,即近于垂直测角仪上的 A1 轴,将测角仪水平圈调至 180°,调测角头上的两个瓦板,使(0001)面的反射信号在旋转直立圈时一直在十字丝中心,这样就表示晶体的 z 轴与 A1 轴平行了。然后旋转水平圈至 90°,再旋转直立圈找柱面的反射信号[可能很难找到,因为柱面距离测角头的中心(即测角仪上入射线与反射线交点)太远,不在入射线通过的地方]。若找不到柱面的反射信号,在肉眼观察下调测角头上的平板及伸进或退出 A1 轴,使柱面近于测角头的中心,并处于入射线通过的地方,这样才能看到该柱面的反射信号。这时读出柱面的直立圈读数,柱面的水平圈读数一定是 90°,如果偏离 90°,则说明晶体 z 轴还没有完全与 A1 轴平行,就需要再调测角头上的瓦板。最后需要测量与刚测过的柱面相邻接的端面,这是因为相邻接的柱面与端面的方位角是一样的。保持直立圈不变,只需要旋转水平圈来找到端面的反射信号,读出其直立圈和水平圈读数。测另外的柱面和端面时,需要重复上述过程,即需要重新在肉眼观察下调测角头上的平板及伸进或退出 A1 轴,使另一柱面近于测角仪中心且处于入射线通过的地方,才能找到反射信号。如此反复调整测角头上的平板及伸进或退出 A1 轴,是针对较大(一般粒径大于 0.5cm)的晶体,如果晶体较小是不需要这样反复调整的。

图 6-10 是绿柱石的心射极平投影图、顶观图和立体图。图中的极格子,$p_0 = q_0 = c_0/(a_0\cos30°) = 0.917/(0.921 \times \sqrt{3}/2) = 1.15$[因为 $p_0 = q_0 = 1/(a\cos30°)$,$a/r = a_0/c_0$,$r = 1$(球半径)]。注意,三方和六方晶系的对称特点决定了它们的极格子是内角为 60° 和 120° 的菱形格子。各晶面的晶面符号标出在各晶面投影点旁边。在立体图中,背面晶面及其编号未给出,下端的晶面是根据对称关系推测出来的。

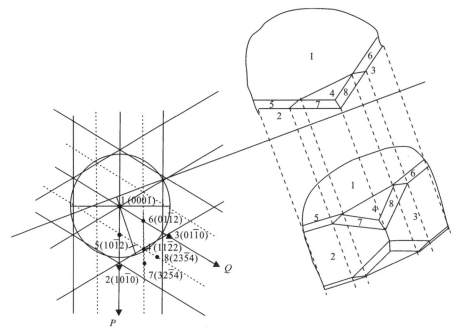

图 6-10 绿柱石晶体的心射极平投影图、晶面符号、顶观图和立体图

虽然图 6-10 中绿柱石晶体图不完整,但可以看出其发育的单形有六方柱 $\{10\bar{1}0\}$、六方双锥 $\{10\bar{1}2\}$、六方双锥 $\{11\bar{2}2\}$、复六方双锥 $\{23\bar{5}4\}$。这些单形都是绿柱石常见单形。用 Shape 7.1 软件画出完整的理想晶体形态图,见图 6-11。

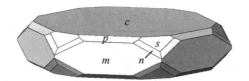

图 6-11　所测绿柱石的理想晶体形态

六方柱 $m\{10\bar{1}0\}$;平行双面 $c\{0001\}$;六方双锥 $p\{10\bar{1}2\}$,$s\{11\bar{2}2\}$;复六方双锥 $n\{23\bar{5}4\}$

6.4　斜方晶系——文石

文石是碳酸盐矿物,大多产于沉积岩中,与方解石同化学成分,但结构不同,即与方解石为同质多象的关系。文石化学式为 $Ca[CO_3]$,斜方晶系,$Pmcn$,$a_0=0.495nm$,$b_0=0.796nm$,$c_0=0.573nm$。

本书所测文石晶体产于四川西昌,呈柱状,长 2mm 左右,直径 0.5~1mm。平行柱体为 z 轴,但 x 轴和 y 轴不好找。在测角仪上以柱面定向测量,即将水平圈定为 90°时,调测角头上的两个瓦板,使所有柱面的反射信号在旋转直立圈时都经过十字丝中心。表 6-4 为文石晶体测量数据。按照表 6-4 中的直立圈读数和水平圈读数进行初步投影,即以直立圈读数为方位角,以 180°减水平圈读数为极距角(图 6-12)。从这个初步投影图上发现 1 号、4 号、7 号、9 号、10 号、11 号面投影点位于一条直线上,这条线也就是晶带线,即图 6-12 中的虚线 L,很可能这条晶带线是极格子的主轴(即 P 轴或 Q 轴),然后过 8 号晶面投影点画出这条晶带线的平行线,再过 7 号面和 8 号面的投影点分别画出这条晶带线的垂线,这样就形成了矩形的格子状。假定这个矩形格子就是极格子,那么极格子的一边为 P 轴(对应 x 轴),另一边就是 Q 轴(对应 y 轴)。因为 $a_0(0.495nm)$ 小于 b_0 $(0.796nm)$,所以 p_0 大于 q_0,因此矩形格子的长边是 p_0,短边是 q_0。测量出 $p_0=1.2$,$q_0=0.7$(在 $r_0=1=$ 投影球半径的前提下),这个测量值恰好近似等于理论计算值:$p_0=c_0/a_0=0.573/0.495=1.158$,$q_0=c_0/b_0=0.573/0.796=0.720$[因为 $p_0=1/a$,$q_0=1/b$,$a/r=a_0/c_0$,$b/r=b_0/c_0$,$r=1$(球半径)]。因此,假定的矩形格子就是真正的极格子,x 轴与 y 轴就找出来了。以 y 轴的方位角为 0°(即表中 1 号柱面的法线为 y 轴,所以 1 号晶面的直立圈读数就是 v_0),对其他晶面的方位角进行计算得到表 6-4 中的各晶面方位角值。极距角就是 $180°$ 减水平圈读数。

表 6-4 文石晶体测量数据

晶面编号	信号质量	直立圈读数 $v(°)$	水平圈读数 $h(°)$	方位角 $\varphi = v - v_0(°)$	极距角 $\rho = h_0 - h(°)$
1	3	260	90	0	90
2	2	318	90	58	90
3	5	20	90	120	90
4	2	80	90	180	90
5	2	139	90	239	90
6	1	200	90	300	90
7	1	257	126	357	54
8	1	315	126	55	54
9	1	77	126	177	54
10	2	80	103	180	77
11	3	260	103	0	77

注:$v_0 = 260°$,$h_0 = 180°$。

将图 6-12 中(找出的)x 轴 y 轴摆正后得到图 6-13,并在此基础上确定每个面的晶面符号,画出顶观图并修正,画出立体图。在立体图中,背面的晶棱用线条虚线表达,且背面晶面的编号未给出。

从图 6-13 可以看出所测文石发育的单形有斜方柱{110}、平行双面{010}、斜方柱{021}、斜方柱{061}、斜方双锥{111}。这些单形都是文石常见的单形。用 Shape 7.1 软件画出完整的理想晶体形态图,见图 6-14。

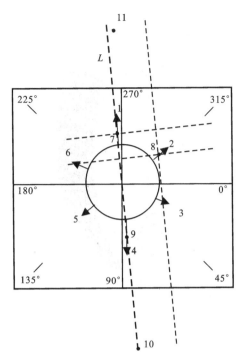

图 6-12　文石晶体的初步投影图

（图中正方形外围及其角度表示的是心射极平投影网）

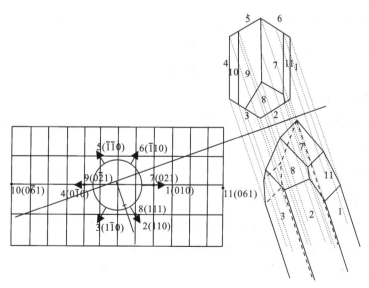

图 6-13　文石晶体的心射极平投影图、晶面符号、顶观图和立体图

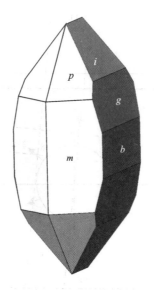

图 6-14 所测文石的理想晶体形态

斜方柱 $m\{110\}$，$i\{012\}$，$g\{061\}$；斜方双锥 $p\{111\}$；平行双面 $b\{010\}$

6.5 单斜晶系——霓石

霓石是碱性辉石，主要产于碱性花岗岩、碱性伟晶岩中。霓石化学式为 $NaFe^{3+}[Si_2O_6]$，属于单链状硅酸盐矿物，单斜晶系，$C\ 2/c$，$a_0 = 0.966nm$，$b_0 = 0.878nm$，$c_0 = 0.529nm$；$\beta = 107.5°$。

本书所测霓石晶体产于福建魁岐碱性花岗岩的晶洞中，呈柱状，晶体形态较完整，发育很多柱面和一些端面。柱体长 3～4mm，横截面宽 1～2mm。平行柱面为 z 轴，在测角仪上以柱面定向，即将水平圈定为 90°时，调测角头上的两个瓦板，使所有柱面的反射信号在旋转直立圈时都经过十字丝中心。表 6-5 为霓石晶体测量数据。霓石晶体比较大，可以看出晶体的对称面，以垂直对称面的 2 号柱面为(100)面，即 2 号面的方位角为 90°，其他晶面的方位角就相应确定了，这样就得到了表 6-5 中各晶面的方位角，极距角就是 180°减水平圈读数。

图 6-15 左边是霓石晶体的投影图，其中实线格子为极格子。在极格子中，$p_0 = c_0/a_0 = 0.529/0.966 = 0.548$，$q_0 = \sin107.5°(c_0/b_0) = 0.956 \times (0.529/0.878) = 0.576$［因为 $p_0 = 1/a$，$q_0 = \sin\beta(1/b)$，$a/r = a_0/c_0$，$b/r = b_0/c_0$，$r = 1$

（球半径）〕。霓石是单斜晶系的，单斜晶系的(001)不是水平的，所以极格子的 R 轴〔即(001)的法线〕不是直立的，不与投影轴重合，R 轴与投影轴的夹角〔即(001)面的极距角 ρ_0〕为 $\beta-90°=107.5°-90°=17.5°$。$R$ 轴与投影球的交点不在北极点，其投影点也就不在圆心上，而是从圆心沿着 P 轴往前移一段距离，这段距离用 e 来表示，e 的大小与(001)面的极距角 ρ_0 有关：$e=\sin\rho_0=\sin17.5°=0.301$。

表 6-5　霓石晶体测量数据

晶面编号	信号质量	直立圈读数 $v(°)$	水平圈读数 $h(°)$	方位角 $\varphi=v-v_0(°)$	极距角 $\rho=h_0-h(°)$
1	5	78	90	43	90
2	4	125	90	90	90
3	5	172	90	137	90
4	3	259	90	224	90
5	2	305	90	270	90
6	3	351	90	316	90
7	1	62	115	27	65
8	1	188	117	153	63
9	1	125	163	90	17
10	1	13	147	338	33
11	1	238	147	203	33

注：$v_0=35°$，$h_0=180°$。

　　但是，单斜晶系的极格子不在投影平面上，而低于投影平面（参见图4-6），所以在极格子上还不能对晶面投影点进行指标化，还需要将极格子转换到投影平面上的格子（即投影格子），转换的公式见第 4 章第 4.2.5 节，即：

$$p_0'=p_0/\cos\rho_0=p_0/\cos(\beta-90°)=0.575$$

$$q_0' = q_0/\cos\rho_0 = q_0/\cos(\beta-90°) = 0.604$$

$$e' = \tan\rho_0 = \tan(\beta-90°) = 0.315$$

按照上述投影格子要素画出投影格子,见图6-15左边虚线格子。在这个虚线投影格子上就可以对每个晶面进行指标化,确定晶面符号。注意,单斜晶系的极格子和投影格子的原点都不在圆心,所以,确定柱面的晶面符号是要将柱面的投影箭头线平移过投影格子(虚线格子)的原点后再进行指标化。在图6-15中右边画出了顶观图和立体图。在立体图中,背面晶棱用虚线表达,且背面晶面的编号未给出。

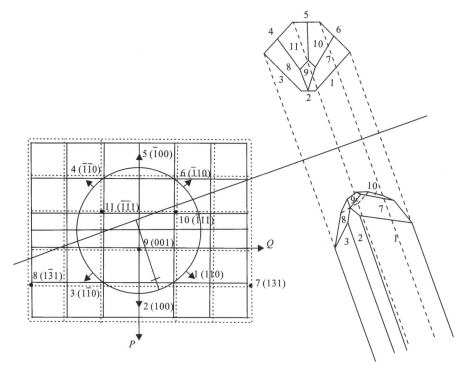

图6-15　霓石晶体的心射极平投影图、晶面符号、顶观图和立体图

大多数情况下,极格子(实线)与投影格子(虚线)相差很小,一般可以在极格子上进行晶面投影点的指标化,但是理论上应该在投影格子上进行指标化。

从图6-15可以看出所测霓石发育的单形有斜方柱{110}、斜方柱{$\bar{1}$11}、斜方柱{131}、平行双面{100}、平行双面{001}。这些单形都是霓石常见单形。用Shape 7.1软件画出完整的理想晶体形态图,见图6-16。

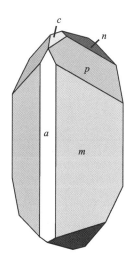

图 6-16　所测霓石的理想晶体形态

斜方柱 $m\{110\}$，$n\{\overline{1}11\}$，$p\{131\}$；平行双面 $a\{100\}$，$c\{001\}$

6.6　三斜晶系——微斜长石

长石是最常见的造岩矿物，在各种岩石中广泛产出。长石分斜长石与碱性长石两个系列，其中微斜长石是碱性长石的一种。微斜长石化学式为 $(K,Na)[Si_3 AlO_8]$，属于架状硅酸盐矿物，三斜晶系，$P\overline{1}$，$a_0 = 0.854nm$，$b_0 = 1.297nm$，$c_0 = 0.722nm$；$\alpha = 90.5°$，$\beta = 116°$，$\gamma = 87.5°$。

本书所测微斜长石晶体产于福建魁岐碱性花岗岩的晶洞中，呈粒状，晶体形态较完整，晶体也较大，约 3mm×3mm×5mm。对照长石理想形态图，可以看出 $\{110\}$ 和 $\{010\}$ 单形的晶面，所以根据形态可以定出 z 轴和 y 轴。在测角仪上以柱面定向，即将水平圈定为 90° 时，调测角头上的两个瓦板，使所有柱面的反射信号在旋转直立圈时都经过十字丝中心。表 6-6 为微斜长石晶体测量数据。因为已经确定 1 号面为 (010)，所以 1 号面的方位角为 0°，其他晶面的方位角就相应确定了，这样就得到了表 6-6 中各晶面的方位角。极距角就是 180° 减水平圈读数。

表 6-6　微斜长石晶体测量数据

晶面编号	信号质量	直立圈读数 $v(°)$	水平圈读数 $h(°)$	方位角 $\varphi=v-v_0(°)$	极距角 $\rho=h_0-h(°)$
1	4	56	90	0	90
2	4	114	90	58	90
3	3	176	90	120	90
4	4	236	90	180	90
5	4	294	90	238	90
6	4	356	90	300	90
7	3	145	154	89	26
8	1	324	155	268	25
9	1	325	126	269	54
10	3	15	145	319	35
11	1	275	145	219	35

注：$v_0=56°,h_0=180°$。

图 6-17 左边是微斜长石晶体的投影图，其中实线格子为极格子。在极格子中，$p_0=c_0\sin\alpha/(a_0\sin\gamma)=0.722\times\sin90.5°/(0.854\times\sin87.5°)=0.846$，$q_0=c_0\sin\beta/(b_0\sin\gamma)=0.722\times\sin116°/(1.297\times\sin87.5°)=0.503$［因为 $p_0=\sin\alpha/(a\sin\gamma)$，$q_0=\sin\beta/(b\sin\gamma)$，$a/r=a_0/c_0$，$b/r=b_0/c_0$，$r=1$（球半径）］。但是，微斜长石是三斜晶系的，与上述的单斜晶系霓石类似，(001)不是水平的，所以极格子的 R 轴［即(001)的法线］不是直立的，不与投影轴重合，R 轴与投影球的交点不在北极点，其投影点也就不在圆心上，与单斜晶系类似。但是，与单斜晶系不同，R 轴的投影点不仅仅是沿着 P 轴前移，而是需要再往右偏移一段距离。R 轴的投影点［即(001)的投影点］偏离圆心的坐标值为 x_0 和 y_0，大小与(001)的方位角 φ_0 与极距角 ρ_0 有关：

$$x_0=\sin\rho_0\sin\varphi_0=\sin(\beta-90°)\sin(90°-\gamma)$$
$$=\sin(116°-90°)\sin(90°-87.5°)=0.019$$

$$y_0 = \sin \rho_0 \cos \varphi_0 = \sin (\beta - 90^\circ) \cos(90^\circ - \gamma)$$
$$= \sin (116^\circ - 90^\circ) \cos(90^\circ - 87.5^\circ) = 0.438$$

与单斜晶系类似,三斜晶系的极格子也不在投影平面上,所以在极格子上不能对晶面投影点进行指标化,还需要将极格子转换到投影平面上的格子(即投影格子),转换的公式见第四章第 4.2.6 节,即:

$$p_0{}' = p_0 / \cos \rho_0 = p_0 / \cos (\beta - 90^\circ) = 0.941$$
$$q_0{}' = q_0 / \cos \rho_0 = q_0 / \cos (\beta - 90^\circ) = 0.560$$
$$x_0{}' = \tan \rho_0 \sin \varphi_0 = \tan (\beta - 90^\circ) \sin (90^\circ - \gamma) = 0.021$$
$$y_0{}' = \tan \rho_0 \cos \varphi_0 = \tan (\beta - 90^\circ) \cos (90^\circ - \gamma) = 0.487$$

按照上述投影格子要素画出投影格子,见图 6-17 左边的虚线格子。在投影格子中对各晶面投影点指标化。三斜晶系的极格子和投影格子的原点都不在圆心,所以,确定柱面的晶面符号是要将柱面的投影箭头线平移过投影格子(虚线格子)的原点后再进行指标化。在图 6-17 中右边画出了顶观图和立体图。在立体图中,背面的晶棱用虚线表达,且背面晶面的编号未给出,下端的晶面形态是根据上端的晶面形态恢复出来的。

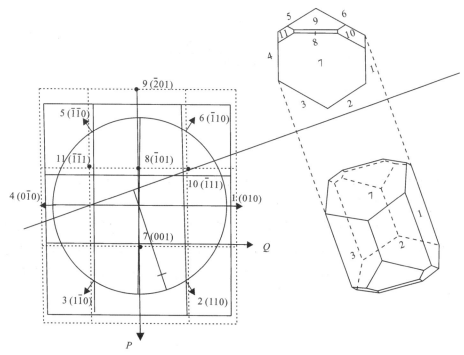

图 6-17　微斜长石晶体的心射极平投影图、晶面符号、顶观图和立体图

虽然上述的微斜长石是三斜晶系的,但它的 α 和 γ 非常接近 $90°$ ($\alpha=90.5°$, $\gamma=87.5°$),所以非常接近单斜晶系的特点。因此,图 6-17 中的投影图及晶体形态图都很接近单斜晶系的特点,例如,2 号、3 号、5 号、6 号面看似一个斜方柱,但从三斜晶系来看是两个平行双面。实际上,很多微斜长石是从正长石(单斜晶系)有序化而形成的,所以就有可能其形态特点还保留正长石所具有的单斜晶系的特点。既然微斜长石是三斜晶系的矿物,我们就只能用三斜晶系来将晶面进行单形归类。图 6-17 中微斜长石发育的单形只有平行双面:$\{010\}$,$\{001\}$,$\{110\}$,$\{1\bar{1}0\}$,$\{\bar{1}01\}$,$\{\bar{2}01\}$,$\{\bar{1}11\}$,$\{\bar{1}1\bar{1}\}$。

图 6-18 是用 Shape 7.1 软件画出的微斜长石理想晶体形态图(图中将不同单形的晶面大小差别人为地加大了一些,更凸显三斜晶系的形态特点)。

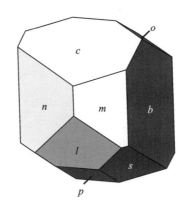

图 6-18　所测微斜长石理想晶体形态图

平行双面 $b\{010\}$,$c\{001\}$,$m\{110\}$,$n\{1\bar{1}0\}$,$p\{\bar{1}01\}$,$l\{\bar{2}01\}$,$s\{11\bar{1}\}$,$o\{\bar{1}1\bar{1}\}$

以上我们对等轴、四方、六方、斜方、单斜、三斜晶系分别选取了一个代表矿物,对其进行晶体测量、投影,确定晶面符号,画图等全过程做了较详细的介绍。由于三方晶系与六方晶系是类似的,本书便不再介绍。每个矿物晶体形态的具体情况不同,在定向、测量过程中遇到的问题也不同,书中也介绍了各具体情况的处理办法。希望这些晶体测量实例的介绍对读者在晶体测量过程中解决实际问题有所帮助。

第 7 章　晶体结构测试的衍射方法与晶体形态测量方法类比

7.1　X 射线衍射原理简介——与晶面反射类比

X 射线入射晶体结构后会产生衍射,根据衍射线(或衍射斑点)的分布规律,可以测定晶体结构信息,如测定晶胞参数,测定某方向的面网间距,测定某些原子、离子坐标,等等。X 射线的产生,X 射线进入晶体结构后与原子、离子、电子等发生的物理效应,以及晶体结构对 X 射线产生的衍射,等等,这些内容涉及很深的物理、化学原理,有专门的教科书介绍,本章便不再详细介绍。本章仅介绍其中最容易理解的关于衍射的内容,并将晶体结构对 X 射线的衍射与晶面对入射光的反射类比起来,将研究晶体结构衍射的倒易格子与研究晶面投影点分布规律的极格子联系起来。这样的类比可以加深我们对于宏观晶体形态与内部晶体结构相关性的认识,进一步理解极格子、倒易格子这些数学模型。

那么,X 射线是怎么产生衍射的呢? 晶体结构对 X 射线的衍射,可以形象地理解为晶体结构中的面网对 X 射线的"反射"。对于一般光线的反射,大家都很熟悉,任意角度入射的光线都可以被反射,并且入射角＝反射角,即一个平面对入射光的反射是没有"入射角"的要求的。但是,晶体结构中的面网对 X 射线的"反射"要求入射角一定要满足衍射条件,即布拉格方程:$2d\sin\theta=\lambda$。在这个方程中,d 为面网间距,θ 为掠射角(入射线与面网的夹角,也就是入射角的余角),λ 为 X 射线的波长。当 X 射线以某个入射角入射晶体结构时,如果它不满足布拉格方程,就得不到"反射"(即不能发生衍射),如果满足布拉格方程就可以得到"反射",这时便可以得到一个衍射光斑,其入射角也等于反射角(图 7-1)。

这样我们就可以利用 X 射线来研究晶体结构了。如果发生了衍射现象,表明 X 射线的入射条件满足布拉格方程。在这个方程中,波长 λ、掠射角 θ 都是已知的,所以通过布拉格方程就可得到面网间距 d;如果晶体结构中各种面网间距都测出来了,就可推测出晶体结构特点。这就是 X 射线测晶体结构最基本的原理。具体涉及的测试方法有许多,如粉末法 X 射线物相分析、单晶法 X 射线晶体结构测定等。具体测试晶体结构的过程是一个非常复杂的、涉及许多理论知识

（包括数学、衍射物理学等）及测试技术的过程。目前 X 射线测试晶体结构的方法已经相当成熟，而且都已经自动化，有许多软件被开发出来。

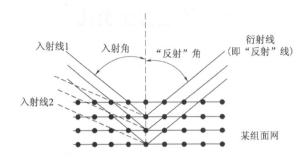

图 7-1 晶体结构对 X 射线衍射示意图

（入射线 1 满足衍射条件产生了衍射，入射线 2 不满足衍射条件没有产生衍射）

7.2 倒易格子——与极格子类比

类似于对晶体形态上晶面投影点的指标化，我们也需要指标化对 X 射线衍射得到的衍射斑点，即产生这个衍射斑点的面网 $(hk\rho)$ 要确定出来。这就要用到一个数学工具——倒易格子。这个格子与第 3 章介绍的对晶面进行指标化用到的极格子很相似。

如已知某个晶体的空间格子的单位矢量为 a、b、c，矢量之间的夹角为 α、β、γ（这些矢量及其夹角即是通常所说的晶胞参数），现定义一个新的格子，它的单位矢量为 a^*、b^*、c^*，矢量之间的夹角为 α^*、β^*、γ^*，其中 a^* 垂直（100）、b^* 垂直（010）、c^* 垂直（001），且 $|a^*| = 1/d_{(100)}$、$|b^*| = 1/d_{(010)}$、$|c^*| = 1/d_{(001)}$（d 为面网间距）。a^*、b^*、c^* 和 α^*、β^*、γ^* 所形成的格子就叫倒易格子。如果将空间格子所在空间称正空间，则倒易格子所在空间称倒空间。

空间格子（正空间）中的面网和行列与倒易格子（倒空间）中的面网和行列之间存在以下关系：

正空间中的一个面网 (hkl) 的法线为倒空间中的一个行列 $[hkl]^*$；

倒空间中的一个面网 $(uvw)^*$ 的法线为正空间中的一个行列 $[uvw]$。

反过来也成立：

正空间中的一个行列 $[uvw]$ 的垂面为倒空间中的一个面网 $(uvw)^*$；

倒空间中的一个行列 $[hkl]^*$ 的垂面为正空间中的一个面网 (hkl)。

其中还可以导出：

(hkl)平行$(uvw)^*$，$[hkl]^*$平行$[uvw]$；

(hkl)垂直$[uvw]$，$[hkl]^*$垂直$(uvw)^*$。

这些关系反应出，正空间和倒空间的晶面指数与晶棱指数之间具有非常有趣的关系。

那么，倒易格子与第 3 章所介绍的极格子有什么类似的地方呢？

（1）极格子是用来指标晶体形态上各晶面投影点的晶面符号的，而倒易格子是用来指标各衍射面网的面网符号的，所以它们的意义是相似的。

（2）组成极格子的轴：P 轴垂直(100)，Q 轴垂直(010)，R 轴垂直(001)。单位长度是(101)、(011)晶面在 x、y 轴上的单位截距（规定在 z 轴上的单位截距为 1）的倒数。对于等轴、四方、斜方晶系，$p_0 = 1/a$，$q_0 = 1/b$，$r_0 = 1/c =$ 投影球半径 $= 1$（a, b, c 为晶体常数，令 $c = 1$）；对于三方和六方、单斜、三斜晶系，需要进行三角函数转换（表 3-2）。组成倒易格子的轴：$\boldsymbol{a}^*$ 垂直(100)、$\boldsymbol{b}^*$ 垂直(010)、$\boldsymbol{c}^*$ 垂直(001)，单位长度$|\boldsymbol{a}^*| = 1/d_{(100)}$、$|\boldsymbol{b}^*| = 1/d_{(010)}$、$|\boldsymbol{c}^*| = 1/d_{(001)}$（$d$ 为面网间距，在等轴、四方、斜方晶系中，$d_{100} = a_0$、$d_{010} = b_0$、$d_{001} = c_0$，在三方和六方、单斜、三斜晶系中，需要进行三角函数转换，与极格子的转换是一样的，参见表 3-2）。所以，极格子与倒易格子的轴是一样的，轴单位也是相似的，只不过极格子的轴单位是相对大小，倒易格子的轴单位是绝对大小。

（3）极格子是一个层状的网格，这是因为将 $r_0 = 1/c =$ 投影球半径 $= 1$，固定了 $r_0 = 1$ 的值，并且也选取 $r = 1$ 的一层，即 $r r_0 = 1$。就相当于在 P 轴，Q 轴，R 轴组成的三维格子中选取 R 轴上一个单位的一层网格。即极格子就相当于倒易格子的$(001)^*$ 面网的第一层。当然，这里所说的倒易格子是指 $\boldsymbol{c}^* = 1$ 的、轴单位只有相对大小意义的倒易格子。

7.3　衍射图指标化（厄尔瓦反射球法）——与晶面的指标化类比

有了倒易格子，就可以用它来对晶体结构产生的衍射图上各衍射斑点进行指标化。首先分析衍射条件，即布拉格方程：$2d\sin\theta = \lambda$。如果将之转化成：$\sin\theta = \lambda/2d = (1/d)/2(1/\lambda)$，就可以将 $1/d$ 看成是直角三角形的对边，$2(1/\lambda)$ 看成是直角三角形的弦，然后就可以用一个作图方法来表示衍射条件，这就是著名的厄尔瓦反射球法。

如图 7-2 所示，以 $1/\lambda$ 为半径作一个球，叫厄尔瓦反射球。将倒易格子的原

点 O 固定在球面上,如果倒易格子的某个格点(坐标为 $[hkl]$,即从倒易格子原点到这一点的矢量 r^* 为 $[hkl]^*$)也在球面上(如图 7-2 中的点 G),从上面的正空间与倒空间面网与行列指数关系可得:这个倒易格子中的点 $[hkl]^*$ 就代表了晶体结构(正空间)中的面网 (hkl),面网间距为

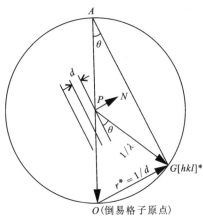

d,且 (hkl) 垂直 $[hkl]^*$,图中 N 代表的是面网 (hkl) 的法线,$[hkl]^*$ 或者 r^* 平行 N。那么,从倒易格子的原点 O 到这个点 $[hkl]^*$(即 G 点)的距离就为 $1/d$。设入射线为 AO(过倒易格子原点的直径),则 PG 为面网 (hkl) 的衍射线(或类比于晶面的反射,称反射线),衍射线与面网 (hkl) 的夹角为 θ,即为掠射角。将 G 点与 A 点作连线,则 OGA 组成一个直角三角形,且 $[hkl]^*$ 矢量的对角为 θ,因此,$\sin\theta=(1/d)/2(1/\lambda)=\lambda/2d$,满足衍射条件,即面网 (hkl) 产生了衍射,衍射线就是 PG。

图 7-2 厄尔瓦反射球法示意图

综上所述,凡是与厄尔瓦反射球面相交的倒易格子的格点,就说明这个格点所代表的正空间的面网满足衍射条件而产生了衍射,形成了衍射斑,这个衍射斑点的面网符号就是这个倒易格点的坐标值。我们可以形象地想象,将晶体的倒易格子的原点固定在半径为 $1/\lambda$ 的厄尔瓦反射球面上,沿入射线方向(即 AO)转动反射球或者倒易格子,如果倒易格子中某些点与球面相交,就说明能产生衍射,且产生衍射的面网符号也就确定了。这就是通过倒易格子来指标化衍射图的方法。

以上的原理与方法适用于所有射线的衍射分析,如 X 射线衍射、电子衍射等。但是,不同射线的波长不同,就会产生一些特殊情况。例如,因为电子束的波长比 X 射线的波长短很多,导致电子衍射与 X 射线衍射具有三个明显的区别。

(1)根据布拉格方程 $2d\sin\theta=\lambda$,电子衍射的掠射角 θ 要比 X 射线衍射的掠射角 θ 小很多。

(2)因为波长短,半径为 $1/\lambda$ 的厄尔瓦反射球就很大,球的曲面度就很小,像一个平面,这样就导致上述与反射球面相交的倒易格点都落在一个平面内,即单晶的电子衍射图与倒易格子的一个二维截面相似。如图 7-3 所示,P 为厄尔瓦反

射球球心,O 为倒易格子原点,N_{hkl} 为面网(hkl)的法线,面网(hkl)的面网间距为 d_{hkl},G 为倒易格子中的点$[hkl]^*$,它距原点 O 的距离为 $1/d_{(hkl)}$。在感光胶片的衍射谱上,面网(hkl)的衍射点距透射光斑[即倒易格点(000)的投影点]的距离 $R = L\tan2\theta = L\,(1/d_{(hkl)})\,/(1/\lambda) = L\lambda\,/d_{(hkl)}$。

（3）由于物质对电子的散射比 X 射线的散射几乎要强一万倍,所以电子衍射的强度要高得多。

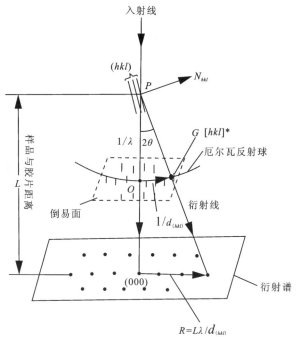

图 7-3　电子衍射谱

（与倒易格子二维面网相似的衍射图）

这种指标衍射面网的方法与指标晶面的方法有什么相似之处呢？第 4 章介绍了在极格子上对晶面心射极平投影点的指标化方法,即投影点落在极格子的某个格点上则投影点所代表的晶面的晶面符号就是这个格点的坐标值 p 和 q,第三个指数固定为 1,即($pq1$)。晶面的心射极平投影点就是晶面法线与投影平面的交点,而投影平面上的极格子就是晶体倒易格子的(001)* 面网的第一层,可以将晶面的法线与衍射线类比起来,这样"晶面的法线与极格子上某个格点相交,这个格点的坐标值为晶面符号"与"晶体的衍射线与倒易格子的某个格点相交,这个格点的坐标值为产生衍射的面网符号"就类比起来了。这里的"晶体的衍射线"是指某些面网满足衍射条件而产生了衍射,不是所有面网都能产生衍射。这是一个很有趣的类比,即宏观晶体形态上某个晶面产生投影点与内部结构某个面网产生衍射点,其晶面符号或面网符号都是晶面或面网射出的线条(法线或衍射线)经过倒易格子某个格点的坐标值。

晶面投影点或法线是根据实际晶体上的晶面产生的,一个晶体上晶面越多,投影点或法线就越多;而晶体结构的衍射线的多少要靠布拉格方程确定,满足布拉格方程的就产生衍射,否则不产生,所以衍射的指标化就多了一个反射球,只有落在反射球表面上的倒易格点才满足布拉格方程,才能产生衍射。这是宏观晶体形态的晶面投影图与内部结构形成的衍射图在指标化时的区别。

下面是对"晶面的法线与极格子上某个格点相交,这个格点的坐标值为晶面符号"这句话含义的阐述。有学者认为极格子是一个平面,晶体形态上晶面指标化只需要一个平面的倒易格子,而晶体结构衍射的指标化是在一个三维空间的倒易格子中进行的。其实不然。晶面投影点虽然都落在投影平面内,这个平面是倒易格子的$(001)^*$面网的第一层——极格子,但是有些晶面投影点并不恰好落在极格子的格点上,即这个投影点的坐标值不是整数而是分数。例如,坐标值为 $p=0$,$q=1/2$,晶面符号就是$(0\ 1/2\ 1)$,即(012)。(012)这个坐标值代表在倒易格子中 R 轴(或 c^* 轴)不在等于 1 而是在等于 2 的倒易格子面网上,即$(001)^*$面网的第二层上(图 7-4)。也就是说,凡是不在极格子格点上的晶面投影点,代表这个晶面所对应的倒易格子的格点不在$(001)^*$面网第一层上,而在(001)面网的第 n 层(n 为整数)面网上,n 取决于将晶面符号化整后的第三个晶面指数(图 7-4)。这样的晶面的法线也通过倒易格子所对应的格点,如(012)晶面的法线通过倒易格子坐标值为$[012]^*$的格点。因此,所有晶面的法线都通过它对应在倒易格子中的格点,法线通过哪个倒易格子的格点,该格点的坐标值就是晶面投影点的晶面符号。如果这个晶面所对应的倒易格点不在$(001)^*$面网的第一层——极格子上,晶面法线与该倒易格点的连线在$(001)^*$面网的第一层的交点(这个晶面的投影点)就不在极格子的格点上(即坐标值不是整数)。

下面我们来说明极格子(晶体宏观形态上晶面指标化的网格)与图 7-3 中电子衍射图谱(与倒易格子二维面网相似衍射图)的区别。它们都是一个二维网格,都是倒易格子中的一个面网。但是,极格子是倒易格子$(001)^*$面网的第一层,而电子衍射谱是倒易格子过原点的一个面网,如果将晶体的 z 轴与入射线重

合,电子衍射谱也是倒易格子的(001)* 面网的一层,但它不是第一层,而是第
0 层。

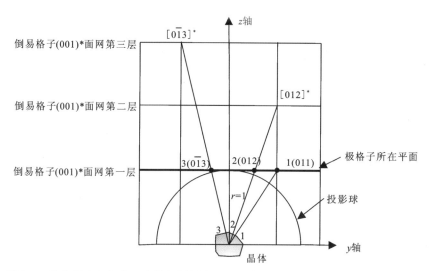

图 7-4　晶体形态上各晶面法线与倒易格子的对应关系及在极格子上的体现示意图

(此处的倒易格子是指 $c^*=1$ 的、轴单位只有相对大小意义的倒易格子)

第8章 晶体内部界面的晶面符号

现代晶体形貌研究已经很少研究晶体的外观形态和晶面了,而主要研究晶体内部的一些显微晶体形貌,即内部各种显微结构,如显微双晶结构、显微出溶结构、显微交代结构等。这些研究涉及不同矿物晶体或同种矿物晶体之间的界面。如何确定晶体内部界面的晶面符号,就成了一个晶体形貌学研究的新课题。界面在晶体内部,无法通过对入射线进行反射而得到反光信号,因此不能用常规的晶体测量方法来测定。

晶体内部界面体现在晶体样品的切面上就是一条线。如果已知在两个或两个以上同种晶体中的界面是同一结晶学符号的面,只要对这两个或两个以上晶体样品进行切片,每个切面就会出现界面的出露线。因为这些出露线是属于同一个平面的,根据几何学原理,两根线相交会确定一个平面,所以只要确定了这两根或两根以上的出露线的结晶学方向,它们所在平面(即界面)的结晶学方向也就可以确定了。这就是确定晶体内部界面的晶面符号的理论依据。

根据晶带定律,只要已知两根晶棱的符号,可确定这两根晶棱相交形成的晶面的晶面符号(赵珊茸等,2017)。但是,晶体内部的界面在样品的一个任意切面上的出露线肯定是一个高指数或称无理指数的晶棱,在晶体的 x-y-z 坐标系中很难确定它的晶棱符号。因此,由两根线相交来确定这两根线所在平面的晶面符号是一个理想的但不可行的方法,必须找到一种可行的方法来解决这个问题。由此,一种可行的作图方法——晶带相交法就诞生了。

8.1 晶带相交法的原理与具体做法

8.1.1 原理

晶体内部界面在样品表面的一个出露线代表一个晶带,包含无穷多个面。另一个同样的样品如果有同样的界面,在样品表面有一条出露线,也代表一个晶带,同样包含无穷多个面。这两个晶带相交的地方,就是这两个晶带共有的面,这个面就是两个样品共有的晶体内部的界面。根据这个原理,只需要在吴氏网上作图,就可以把这两个晶带相交的交点找出来,也就是把这个晶面的极点找出来,并不需要找出两条出露线的晶棱符号。

8.1.2　具体做法

把样品 1 中晶体内部界面在样品表面的出露线移到样品表面所在的晶体坐标系的极射赤平投影图上,通过吴氏网的旋转功能将晶体坐标系摆正(即将 z 轴直立,将 y 轴指向正右方,将 x 轴指向正前方;如果是单斜晶系,x 轴指向正前下方;如果是三斜晶系,y 轴稍微偏离正右方,x 轴指向正前下方),这条出露线将随之转变为一条大圆弧,这个大圆弧代表一个晶带;同样,样品 2 中同样的界面也有出露线,也做同样的工作,就得到了在相同坐标系下的另一条大圆弧,这个大圆弧也代表一个晶带。将这两个在同样坐标系下的晶带(大圆弧)移到同一个投影图中,它们会有一个交点,该交点就是两个晶带所确定的晶面的极点,这样就找出了这两条出露线所在的平面,即晶体内部的界面。为了使结果精确,一般应找出三个样品的界面出露线,作出三个晶带来相交。

从上面的介绍可以看出,用晶带相交法来确定晶体内部的界面的晶面符号,关键是要在样品切面上测定晶体的坐标系(即 x 轴、y 轴、z 轴的空间位置)。什么方法能够精确而快速地测定出一个晶体切面的 x 轴、y 轴、z 轴的空间位置呢?就是电子背散射衍射(EBSD)测试。这个测试方法的主要原理是电子束以一个倾斜的角度入射到晶体切面上,电子束进入晶体切面几十纳米的深度与晶体结构发生作用产生衍射,形成衍射花样,通过软件分析就可以作出晶体 $\{100\}$、$\{010\}$、$\{001\}$、$<100>$、$<010>$、$<001>$ 等结晶学方向的极图,从这些极图就可以得出晶体的 x 轴、y 轴、z 轴的空间位置。

8.2　晶带相交法的应用实例

下面将给出用晶带相交法求出辉石主晶中出溶辉石片晶的晶面符号的应用实例(赵珊茸等,2016)。

样品采自海南省文昌地区的玄武岩中幔源包体二辉橄榄岩。二辉橄榄岩的矿物组成为:橄榄石(60%)＋单斜辉石(15%)＋斜方辉石(23%)＋尖晶石(2%)。少量的单斜辉石中可见出溶片晶。

图 8-1 是三颗辉石中出溶结构的扫描电子(SEM)形貌像,每颗辉石中都有两个方向的出溶体。在主晶和两种出溶体上分别打点进行 EBSD 测试,测试结果显示主晶为单斜辉石,其中一种方向的出溶体为斜方辉石,另一种方向的出溶体的菊池衍射花样与主晶一致,因此也为单斜辉石。用电子探针(EMPA)测试主晶与出溶体的化学成分并计算出晶体化学式及端元组分含量。主晶为透辉石(Di),斜方辉石出溶体成分靠近顽火辉石到易变辉石的界限[称之为顽火辉石-

易变辉石(En-Pig)〕,单斜辉石出溶体为普通辉石(Aug)。图 8-1 中已经将主晶与出溶体的 EBSD 和 EMPA 测试结果标出。

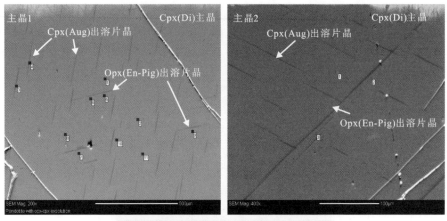

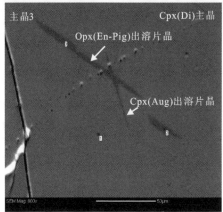

图 8-1　辉石出溶结构及物相测试结果

Cpx(Di). 单斜辉石的透辉石;Cpx(Aug). 单斜辉石的普通辉石;Opx(En-Pig).

斜方辉石的顽火辉石-易变辉石;1~11. EBSD 测试打点的地方

通过 EBSD 测试生成辉石主晶和出溶体的极图,再将同一辉石主晶中各辉石的<100>、<010>、<001>极图合并在同一极图上,得到图 8-2。从图 8-2 可知,单斜辉石主晶与斜方辉石出溶体的<010>、<001>的极点是重合的,说明单斜辉石主晶与斜方辉石出溶体的这两个方向是一致的,但<100>的极点相差 16°,这恰好是单斜辉石与斜方辉石 β 角度差。单斜辉石主晶与单斜辉石出溶体的<100>、<010>、<001>的极点全部重合,即单斜辉石主晶与单斜辉石出溶体的结晶学取向完全相同。

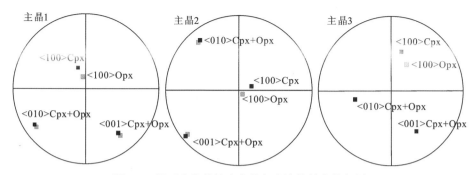

图 8-2 辉石出溶结构中主晶与出溶体的合并极图

Cpx.单斜辉石主晶与单斜辉石出溶片晶;Opx.斜方辉石出溶片晶

除了主晶与出溶体的晶轴取向关系外,还有一个重要的结晶学取向就是出溶体的延伸方向。单斜辉石中出溶斜方辉石或单斜辉石都是以片晶的形式出现的,而在 EBSD 测试样品的切面中,出溶片晶只能是片晶与样品切面相交形成的线状体。怎么才能从 EBSD 测试结果中将这个线状体转换为片晶并算出片晶的晶面符号呢? 这就要用到晶带相交法。

在用晶带相交法之前,要先确定在岩石中不同辉石晶体中的出溶片晶是同一个结晶学方向的片晶。在岩石切面上,同一方向的出溶片晶将在不同辉石晶体中以线状体出现。因为这些线状体是同一出溶片晶在不同主晶切面上形成的,所以这些线状体是位于同一平面内的。这样,我们才能够用晶带相交法来求出这个平面(也就是出溶片晶)的结晶学符号。

利用晶带相交法求出溶片晶的晶面符号的思路:将每个辉石主晶中的出溶线状体视为一个晶带,这个晶带在极射赤平投影图上是一个大圆弧;两个或两个以上辉石主晶中的出溶线状体就有两个或两个以上的晶带,这些晶带在极射赤平投影图上就是两个或两个以上的大圆弧,它们会在极射赤平投影图上相交,交点就是出溶片晶所代表的平面的极射赤平投影点。但是,每个辉石主晶的切面是任意的,切面上的线状体所代表的晶带(大圆弧)也处于任意空间分布,因此必须要把这些晶带(大圆弧)旋转到辉石常规定向的坐标系中进行相交。

下面以辉石主晶 1 为例说明将出溶线状体所代表的晶带旋转至辉石常规定向的坐标系中的具体操作过程。

第一步:将出溶线状体平移到极图中(该极图只保留了主晶单斜辉石的 <100>、<010>、<001>),并作出溶线状体的垂线,在垂线上设置一系列的点(理论上设置 2~3 个点就够了,但此处设置了 8~9 个点,是因为点设置得越密,手动操作过程中误差就会越小,精度就越高),得到图 8-3a。垂线上的这些点代表了包含出溶线状体的一系列晶面的极点,相当于出溶线状体所代表的晶带。

第二步:旋转极图,将<001>旋转到吴氏网的横径上,其他所有的点也跟着一起转动,得到图 8-3b。

第三步:将吴氏网纵径旋转,直至将<001>旋转至圆心,并测量出旋转的角度为 74°,其他所有的点(<100>、<010>,以及出溶线的垂线上的所有点)都沿着吴氏网上的小圆弧旋转 74°,这时,出溶线的垂线上的点转变成大圆弧,这条大圆弧就是出溶线所代表的晶带,得到图 8-3c。

第四步:绕圆心旋转第三步得到的极图,直至<010>到吴氏网横径右端,这时,<100>、<010>、<001>旋转到了单斜辉石常规的定向方位,得到图 8-3d。

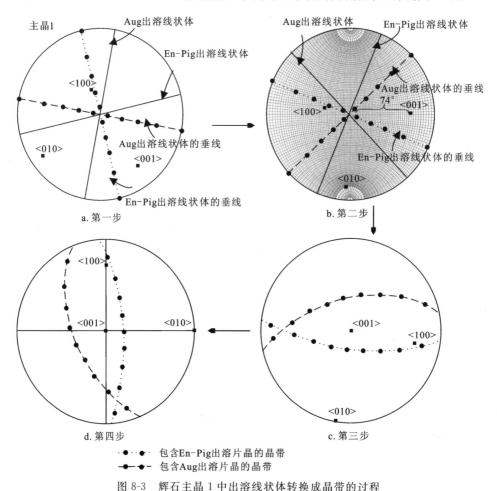

图 8-3 辉石主晶 1 中出溶线状体转换成晶带的过程

按照上述四个步骤将辉石主晶 2 和主晶 3 中的出溶线状体转换成晶带(大圆弧),见图 8-4。

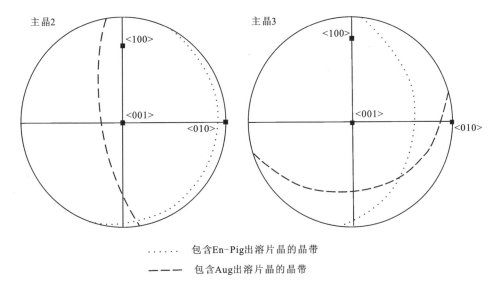

······ 包含En-Pig出溶片晶的晶带

— — — 包含Aug出溶片晶的晶带

图 8-4 辉石主晶 2 和主晶 3 中出溶线状体转换成的晶带

最后将这三个主晶中的晶带合并在一个图上,见图 8-5。由图可见,三个辉石主晶中斜方辉石出溶线状体所代表的三个晶带相交于吴氏网纵径的端点上,这个点距<001>和<010>都是 90°,恰好是斜方辉石的(100)面,也是单斜辉石的(100)面,即斜方辉石出溶片晶为(100)。三个辉石主晶中单斜辉石出溶线状体所代表的三个晶带相交于吴氏网纵径上,距<001>极点为 66°左右,这个点代表的是单斜辉石的($h0l$)面的极点,根据几何结晶学:

$$(h \ / \ l)(c_0/a_0) = \tan 66°$$

式中,h、l 为晶面指数;c_0、a_0 为晶胞参数。

计算得到 $h/l = 4.14 \approx 4$,所以,这个晶面符号为(401),即单斜辉石出溶片晶为(401)(这里用的晶胞参数为 EBSD 系统数据库中用于解菊池花样的单斜辉石晶胞参数)。

由以上的分析过程可知,只要同一个出溶片晶在两个或两个以上主晶的切面中形成线状体,可以将线状体转化为晶带,并将这两个或两个以上的晶带在相同坐标系中相交,就可以找到出溶片晶的晶面的极点;再根据极点在坐标系中的方位,用几何结晶学基础知识求出出溶片晶的晶面符号。

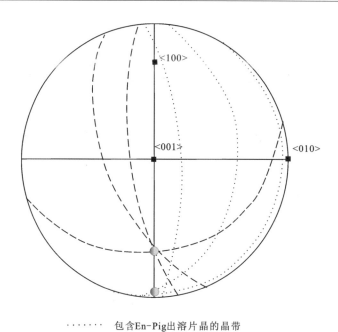

·······　包含En-Pig出溶片晶的晶带
- - - - 　包含Aug出溶片晶的晶带

图 8-5　三个辉石主晶中出溶线状体转换成的晶带相交

　　理论上，如果能计算出出溶线状体的晶棱符号，再利用晶带定律，也可以求出出溶片晶的晶面符号(赵珊茸等,2017)。但是根据经验，在单斜坐标系(非直角坐标系)中求出一线的晶棱符号涉及很繁琐的三角函数计算，并且这根出溶线状体是任意切面导致的，它的晶棱符号往往是由无理指数组成，在化整的过程中也会产生很大误差，故实际过程中这种方法并不实用。因此，用上述的晶带相交法作图求出出溶片晶的极点，再通过计算得出这个极点的晶面指数，是最为方便可行的。

8.3　晶带相交法的适用性讨论

　　上一节我们用晶带相交法求出了辉石晶体中出溶片晶(晶体内部一个面)的晶面符号。任何晶体内部的界面，如双晶接合面、交生的界面、裂开面等，只要能找到 2~3 个晶体中相同的界面，就可以用晶带相交法来求出这个晶体内部界面的晶面符号。Zhao 等(2017)用这个方法求解了产于福建林溪的二辉橄榄岩中斜方辉石主晶出溶单斜辉石片晶、单斜辉石主晶出溶斜方辉石和单斜辉石片晶的晶面符号,并结合"Exact phase boundary theory"推算了出溶压力,刘宇坤(2019)用这个方法求解了大别山地区红安县七里坪镇二长变粒岩中微斜长石的格子双晶中肖钠长石律双晶接合面的晶面符号。

　　但是,晶带相交法有一个局限性,它比较适合低级晶族的、坐标系固定的晶体,对于中级和高级晶族的晶体,因为坐标系可以由对称操作而改变,就会导致问题复杂化。

　　例如,用晶带相交法求解石英晶体中的冲击破裂面(Planar Deformation Feature,简称 PDF)时就出现了一个问题(李焕杰,2020)。石英是三方晶系的,水平轴 x 轴、y 轴、u 轴是等效的,坐标系沿着 z 轴旋转 $120°$ 是一样的,这导致"将坐标系转正"的方向就有三种可能性,晶带的大圆弧在这三种可能性中就会产生三个交点,但这三个交点都是极点吗? 都有意义吗? 怎么选择? 这是所有中级与高级晶族都面临的问题,因为中级与高级晶族的坐标系都因对称要素的操作而有多种选择。也就是说,晶带相交法对于低级晶族(坐标系是固定的,不因对称要素的旋转而改变的)是方便应用的,而对于中级与高级晶族,在应用晶带相交法时是会遇到坐标系的多种可能性而导致晶带相交的多个交点问题。这个问题该怎么解决? 下面以如何求解石英晶体中的 PDF 进行讨论。

　　假定石英的某个界面(如 PDF)是 $\{10\bar{1}1\}$,它是一个菱面体单形,有六个面,每两个面是平行的,所以它有三个极点,分别是 $(10\bar{1}1)$、$(01\bar{1}1)$、$(\bar{1}101)$,另外一个石英晶体内也有一个同样的界面 $\{10\bar{1}1\}$。用上述方法将两个石英晶体的这个界面的出露线转换成晶带,就是两个大圆弧,再把两个石英晶体的坐标系转正,将两个晶体的极图重合,两个大圆弧有一个交点。事实上,将其中一个晶体的极图绕 z 轴(即圆心)旋转 $120°$,石英的 x 轴、y 轴、u 轴之间异位,这三个轴是等效的,三个轴异位后与异位前是等效的,但三个轴异位后两个大圆弧会产生另外的交点,这些交点都是 $\{10\bar{1}1\}$ 的极点吗? 如果是一个晶体上的 $(10\bar{1}1)$ 界面所形成的线状体(再转换成晶带)与另一个晶体的 $(01\bar{1}1)$ 界面所形成的线状体(再转换成晶带)相交,这个交点是没有意义的。只有当两个晶体上都是 $(10\bar{1}1)$ 界面所形成的线状体(再转换成晶带)相交时才有意义,这个交点才是 $\{10\bar{1}1\}$ 的极点。$(10\bar{1}1)$、$(01\bar{1}1)$ 与 $(\bar{1}101)$ 之间是旋转 $120°$ 的关系,但它们只有相对意义,没有绝对意义,可以将其中任意一个定为 $(10\bar{1}1)$,其他的就是 $(01\bar{1}1)$、$(\bar{1}101)$。所以,将两个晶体的极图重合,再将一个晶体的极图绕 z 轴旋转三个 $120°$,每旋转 $120°$ 就会使其上的界面出露线转化成的晶带产生一个交点,一共产生三个交点,这些交点是$(10\bar{1}1)$、$(01\bar{1}1)$、$(\bar{1}101)$界面出露线转化成的晶带相互交叉形成的交点,只有两个晶带同是$(10\bar{1}1)$出露线转化成的晶带时,交点才有意义。但是,此时确定不了哪个是有意义的。之后,需要再找到1~2个石英晶体具有相同的界面,再将这些界面出露线转化成晶带,与原来那两个石英晶体的晶带在相同坐标系下相交,会产生很多交点,但必须有一个交点是所有晶带相交产生的,这个交点就是有意义的,其他无意义的交点不可能形成重复相交的交点。

上述过程已经将问题简化,即只考虑一个石英晶体内部发育一个界面。因为$\{10\bar{1}1\}$所包含的$(10\bar{1}1)$、$(01\bar{1}1)$、$(\bar{1}101)$界面有可能同时出现在一个石英晶体内,所以一个晶体内的界面就会转化成多个晶带,多个晶体的极图重合后,与许多晶带相交并且在每旋转$120°$时再相交,形成很多交点,要判断这些交点哪些是有意义的,就变得很复杂。另外,在选取石英晶体样品时,不能确保每个石英晶体内的界面是$\{10\bar{1}1\}$,有可能某些石英晶体内的界面是$\{11\bar{2}1\}$或$\{10\bar{1}3\}$等,此时问题会变得更复杂。因此,在用晶带法求解石英PDF的晶面符号时,最后采用的是统计法,即在很多石英晶体的PDF中,将所有PDF出露线都转化成晶带,再将所有晶体的极图重合并旋转$120°$,产生很多的晶带相交的交点中,统计每个交点出现的概率,其中概率高的交点被认为是有意义的交点,并以此为极点求出石英PDF的晶面符号。

从以上的分析可见,一旦晶体的坐标系可以随着对称操作而转变,就会使晶带相交的交点出现一些无意义的交点,从而使问题复杂化。另外还应注意,即使是低级晶族的晶体,所求的界面不是一个极点时,如斜方柱$\{110\}$有两个极点,也会产生上述类似的问题。因此,晶带相交法最适合求解界面所代表的单形为平行双面或单面的晶面符号。也就是说,所求的界面只有一个极点。

总之,晶带相交法为求解晶体内部的某个界面(不是表面的晶面)提供了一个有效的、方便操作的作图方法,但它也有局限性,在具体应用的过程中要根据具体情况灵活分析。

主要参考文献

北京地质学院矿物教研室,1963.晶体的测量[M].北京:中国工业出版社.(注:该书由彭志忠和张静宜编写)

刘宇坤,2019.岩石中长石晶体化学与双晶研究:以二长花岗岩、二长闪长岩和二长变粒岩为例[D].武汉:中国地质大学(武汉).

李焕杰,2020.墨西哥湾 Chicxulub 撞击坑花岗岩中石英冲击变质显微结构特征研究[D].武汉:中国地质大学(武汉).

彭志忠,张荣英,张光荣,1964.香花石的晶体形态[J].地质学报,44(1):81-85.

王文魁,彭志忠,1992.晶体测量学简明教程[M].北京:地质出版社.

吴秀玲,孟大维,2000.钙-铈氟碳酸盐矿物的透射电镜研究[M].武汉:中国地质大学出版社.

赵珊茸,刘嵘,杨明玲,等,2007.晶体形态一些基本概念的实际意义分析[J].人工晶体学报,36(6):1319-1323.

赵珊茸,徐畅,徐海军,等,2016.海南文昌二辉橄榄岩中辉石出溶结构的结晶学取向分析[J].岩石学报,32(6):1644-1652.

赵珊茸,2017.结晶学及矿物学[M].3版.北京:高等教育出版社.

ZHAO S R, XU H J, WANG Q Y, et al., 2012. An electron backscattered diffraction study of twin structure in hsianghualite[J]. Science China-Earth Sciences,55(1):53-57.

ZHAO S R, ZHANG G G, SUN H, et al., 2017. Orientation of exsolution lamellae in mantle xenolith pyroxenes and implications for calculating exsolution pressures [J]. American Mineralogist,102(10),2096-2105.